学会·宽容

心如路，越计较，越狭窄；越宽容，越畅通。

苏隶东 编著

SULIDONG WORKS

江苏人民出版社

图书在版编目（CIP）数据

　　学会宽容 / 苏隶东编著 . -- 南京：江苏人民出版社，
2016.2
　　ISBN 978-7-214-17329-4

　　Ⅰ . ①学… 　Ⅱ . ①苏… 　Ⅲ . ①散文集—中国—
当代 　Ⅳ . ① I267

中国版本图书馆 CIP 数据核字（2016）第 040873 号

书　　　　名	学会宽容
著　　　　者	苏隶东
责 任 编 辑	朱　超
装 帧 设 计	浪殿飞扬设计
版 式 设 计	张文艺
出 版 发 行	凤凰出版传媒股份有限公司
	江苏人民出版社
出版社地址	南京市湖南路1号A楼，邮编：210009
出版社网址	http://www.jspph.com
	http://jsrmcbs.tmall.com
经　　　　销	凤凰出版传媒股份有限公司
印　　　　刷	北京中印联印务有限公司
开　　　　本	718 毫米 × 1000 毫米 1/16
印　　　　张	12
字　　　　数	148 千字
版　　　　次	2016 年 7 月第 1 版　2016 年 7 月第 1 次印刷
标 准 书 号	ISBN 978-7-214-17329-4
定　　　　价	28.00元

宽容是我们必须的选择

今天的年轻人是幸运的，有无数的机会，也有无数的选择。但毫无疑问，他们又是负重而疲惫的，到处是无情的竞争和赤裸裸的利害关系，伤害无处不在。在这样一个急功近利的社会，如何对待他人的过失或攻击更成为每一个人都回避不了的问题。萧伯纳说："虽然整个社会都建立在互不相让的基础上，可良好的关系却是建筑在宽容互谅的基础之上。"一颗不能承受伤害的心灵是脆弱而难以生存的，一颗不能谅解伤害并宽容异己的心灵是狂暴而可怕的，因为仇恨不仅伤害别人也折磨自己。此时，宽容显得尤为可贵，它不仅是一个人、一个社会必要的德行，也是一种非此不可的生存智慧。只有学会宽容，才有足够的心力去承担生活的重荷。

宽容的内涵非常丰富，宽容是一种非凡的气度、宽广的胸怀，是对人对事的包容。宽容是一种高贵的品质、崇高的境界，是精神的成熟、心灵的丰盈。宽容是一种仁爱的光芒、无上的福分。宽容是一种生存的智慧、生活的艺术，是看透了社会人生以后所获得的那份从容、自信和超然。"开口便笑，笑古笑今，凡事付之一笑；大肚能容，容天容地，于人何所不容！"这是何等的气度与胸怀！宽容的可贵不只在于对同类的认同，更在于对异类的尊重——这也是大家风范的一个标志。

智者能容。越是睿智的人，越是胸怀宽广，大度能容。因为他洞明世事、练达人情，看得深、想得开、放得下，也因为他发现："处世让一步为高，退步即进步的根本；待人宽一分是福，利人实利己的根基。"

仁者能容。富有仁爱精神的人，也必是宽容的人。他心存恕道，"老吾老，以及人之老；幼吾幼，以及人之幼"，不苛求于己，也不苛求于人。所以，与刻薄多忌的人相比，宽容的人必多人缘、多快乐，自然也就多福分了。

宽容是德，它饶恕所有令自己能接受或不能接受的是是非非。一个人的胸怀能容得下多少人，才能够赢得多少人。宽容不仅是一种雅量、文明、胸怀，更是一种人生的境界。

编选本书的目的，就是希望大家能切实感受到，世界由矛盾组成，任何人或事情都不会尽善尽美。无论是"患难之交"、"亲朋好友"，还是"金玉良缘"、"模范夫妻"，都是相对而言。不要长久地仇恨任何人与事，这种心态——焚烧如同炼狱的苦痛，真正受到伤害的只有自己。学会忘却，生活才有阳光，才有欢乐，记恨他人远不如调整自己划算。

常用宽容的眼光看世界，事业、家庭和友谊才能稳固和长久。夫妻间除了要有爱情和信任，还要有宽容，总是为小事斤斤计较，就不可能白头偕老；朋友间没有了宽容就没有了友谊，因为宽容是友谊的题中之义。能宽容，就可以使近者悦远者来。能宽容，就能发展壮大。知道"月亮脸上也长满雀斑"，因而不去苛责别人的缺陷；知道社会是一张彼此联系的人际网络，无人能独自成功，因而使自己无论何时都记得去体谅身边之人；知道孩子的成长必须有一片宽容的绿荫，而避免因苛责所导致的苦果；知道二人世界必须有宽容做基础，而能品尝婚姻的幸福。宽容别人就等于宽容自己，宽容的同时，也创造生命的美丽。

在这本书里，我们还希望把生命的本质、生活的秘密呈现给大家。明白顺境逆境是人生的常态，而在逆境中坦然处之；懂得欲望是无穷的阶梯，而更珍惜现在所拥有的；知道曾经发生的已经逝去，而不对无法挽回的东西耿耿于怀。宽容对于人而言，是一种更广阔的生命空间。当你学会宽容，你便是真正地领悟了生命的内涵，便能站到比别人更高的位置，看问题和处理事情也会比别人更加透彻，更加有效；当你学会宽容，便因知道人生残缺的本质而豁达，它会令你体谅人性弱点，走出生命固有的盲区，由此你将成为生活的智者。

宽容是一种品性，也是一种能力，宽容需要学习，需要磨砺，需要一点一点培养。

请翻开这本书，静静领略、感受宽容的力量。让宽容的智慧，拂去我们心灵的尘埃。

我期望，当你合上这本书时，宽容的种子已播撒在你心里，并生根、发芽……沉重、怨愤、痛悔的心因为宽容而轻松、慰藉、灵动……

记住：宽容是我们必须的选择，一个人只有学会了宽容，他才有足够的心力走好人生的道路。

编者

CONTENTS

目录

学会宽容

learn to be tolerance

宽容是成长的绿荫

宽容是幸福家庭的秘诀

宽 容

是一种智慧和力量

宽容超越一切

宽容是最高贵的美德

宽容是一种善意的理解

宽容是一种智慧和力量

宽容就是关注对方的感受

宽容是一种无声的教育

宽容的信赖

宽容的智慧

宽容是海

宽容不是软弱

一分宽容胜过十分责备

学会宽恕他人

一把珍贵的小提琴

与人为善

宽容超越一切

宽容可以超越一切，因为宽容包含着人的心灵，因为宽容需要一颗博大的心。而缺乏宽容，将使个性从伟大堕落为平凡。

这是一个让人灵魂震撼的故事。二战期间，一支部队在森林中与敌军相遇，经过一场激战，有两名来自同一个小镇的战士与部队失去了联系。他们俩相互鼓励，相互宽慰，在森林里艰难跋涉。十多天过去了，仍然没有与部队联系上。他们靠身上仅有的一点鹿肉维持生存。再经过一场激战，他们巧妙地避开了敌人。刚刚脱险，走在后面的战士竟然向走在前面的战士安德森开了枪。

子弹打在安德森的肩膀上。开枪的战士害怕得语无伦次，他抱着安德森泪流满面，嘴里一直念叨着自己母亲的名字。安德森碰到开枪的战士发热的枪管，怎么也没想到自己的战友会向自己开枪。但当天晚上，安德森就宽容了他的战友。

后来他们都被部队救了出来。此后 30 年，安德森假装不知道此事，也从不提及。安德森后来在回忆起这件事时说：战争太残酷了，我知道向我开枪的就是我的战友，知道他是想独吞我身上的鹿肉，知道他想为了他的母亲而活下来。直到我陪他去祭奠他的母亲的那天，他跪下来求我原谅，我没有让他说下去，而且从心里真正宽容了他，我们又做了几十年的好朋友。

在牛津英文字典里，"宽容"的意思是原谅和同情那个受自己支配且无权要求宽大的人。安德森在得知自己的战友对自己开了黑枪之后，完全可以将他置于死地。但安德森竟然从战争对人性的扭曲、人求生存、求团圆的天性上原谅了他的战友，依然与曾经想杀害自己的人做了一生一世的朋友。

宽容可以超越一切，因为宽容包含着人的心灵，因为宽容需要一颗博大的心。而缺乏宽容，将使个性从伟大堕落为平凡。

宽容是最高贵的美德

宽容不受约束，它像天上的细雨，滋润大地，带来双重祝福，祝福施予者，也祝福被施予者。它力量巨大，贵比皇冠，它与王权同在，与上帝并存。

——莎士比亚

宽容是一种最高贵的美德，没有人穷困到无机会表达宽容的地步。施行宽容是接近神灵本性的途径，没有人能比施行宽容的人更强大，更自豪。

有一个关于艾森豪威尔的小故事。

二战后期，盟军准备发动一次大攻势。盟军统帅艾森豪威尔在一天傍晚来到莱茵河畔散步，看见一个神色沮丧的士兵迎面走来。

艾森豪威尔打招呼道："你好吗，孩子？"那青年士兵回答："我烦得要命！"

大战在即，士兵的回答显然有些出乎艾森豪威尔的意料。艾森豪威尔略微停顿一下，说道：

"嗨，你跟我真是难兄难弟，因为我也心烦得很，这样吧，我们一起散步，这对你会有好处。"

正如莎士比亚所说，宽容像天上的细雨，滋润大地，带来双重祝福：祝福施予者，也祝福被施予者。试想想，如果你是那位士兵，在后来的战争中你会怎样表现？

1917年1月4日，一辆四轮马车驶进北京大学的校门，徐徐穿过校园内的马路。这时，早有两排工友恭恭敬敬地站在两侧，向蔡元培，这位刚刚被任命为北大校长的传奇人物鞠躬致敬。

新校长缓缓地走下马车，摘下他的礼帽，向这些杂工们鞠躬回礼。在场的许多人都惊呆了：这在北大是前所未有的事情，北大是一所等级森严的官办大学，校长是内阁大臣的待遇，从来就不把工友放在眼里。今天的新校长怎么了？

像蔡元培这样地位崇高的人向身份卑微的工友行礼，在当时的北大乃至中国都是罕见的现象。兼容并包是一种博大的胸怀，尊重杂工也是一种伟大的胸怀。这不是件小事，北大的新生由此细节开始。

宽容是一种善意的理解

宽容，意味着一个人的自爱达到了能够使自己做到诚实、开朗，在生活中乐于进取的程度；意味着一种善意的理解和理解之后的爱和关怀。宽容的伟大在于发自内心，真正的宽容总是真诚的、自然的。

一个人具备什么样的优点，才能成为我们所尊重的楷模呢？我想，大多数人都会认为，这个人应主持正义、诚实、谦虚、心地善良、勇敢、意志坚强，当然还应该宽容。

宽容，意味着一个人的自爱达到了能够使自己做到诚实、开朗，在生活中乐于进取的程度；意味着我们要学会不仅对我们的错误，而且对我们的全部经历心怀感激之情；意味着一种善意的理解和理解之后的爱和关怀，正如赫拉克利特所说："我们要学会开拓生活的领域；理解，就是宽容。"

苏联功勋演员契尔柯夫在他的回忆录中讲述了一段他的亲身经历：

那是在国外，在巴黎。法国苏联之友协会为欢迎来到法国的苏联电影界人士举办了一次晚会。会上为巴黎市民放映了苏联著名影片《宝石花》。大厅内座无虚席，观众反应热烈，不断鼓掌向我们这些出席晚会的苏联电影工作者致意。放映结束，人们纷纷涌到我们面前，将我们团团围住。巴黎市民很熟悉我国的电影，认得许多影片的主人公。他们也还认出，马克辛——一位年轻的彼得堡布尔什维克，就是由我扮演的。

热烈的握手，友好的拍肩致意，然而这不过只是个序幕。接着便是请我们签名题字。当时，我随身连一张照片或名片都没有了，只好把名签到随便拿到手的东西上，有节目单、入场券，还有记事本等等。手中的钢笔用完了墨水，立刻有人递过来铅笔。我不断地签名，手发酸了，麻木了，铅笔折断了好几次，但周围仍是一批又一批请求签名的人。他们喊着说着："马克辛，马克辛，请给签个名！……"

第二天一觉醒来，我心里仍荡漾着幸福快慰之感。早晨，我和一位同事出去散步。我们沿着巴黎街道走着，我还完全沉浸在对昨天晚会的美好回忆里。正在这时，突然听到有人清晰响亮地喊了一声："马克辛！"

怎么回事？是谁在喊我？大概，是我自己的错觉吧。不，不是错觉。有人又一次拉长声音喊道："马克辛！"

霎时，我觉得全身一热，心里涌起一阵飘飘然的感觉。是啊，这是荣誉啊！在远离祖国的异地，在巴黎，竟有人在大街上认出了我，对我表示欢迎……我偷眼瞅了一下我的同事：他照旧走着，一副漠然平淡的样子，仿佛根本没有听到什么。

"瞧！就连这样一位挺不错的人，有时也会产生妒忌心！"我想。但我并不责怪他，有什么办法呢？

那位站在街对面的法国人，还在冲我这儿挥动帽子喊着："马克辛！马克辛！"于是我微笑着，亲切地点了下头，抬腿穿越街道向那位巴黎人走了过去。我的那位同事被冷在原地，不知道发生什么事情一样。

我边走边摘下手套，准备与这位新相识的崇拜者握手。我离他只有五六米远的距离了，突然，一辆小汽车从后面悄声地开了过来，把我和那位法国人隔开。车门打开，那位法国人戴好帽子，一头钻进了汽车。

我望着远去的小汽车，茫然地站在原地，嘴里机械地念着写在车后部的几个字：Taxi（出租汽车）……

"Taxi，塔克辛，出租汽车……"我重复着这几个字，恍然大悟："那位法国人一直在招呼出租汽车，可我自负而又可笑地以为，从昨天的晚会起，全巴黎想着的没有别的，而只有我一个人……出租汽车！"

宽容的伟大在于发自内心，宽容不容强迫，真正的宽容总是真诚的、自然的。契尔柯夫在结尾处写道："每个人都可能因一时愚蠢而犯下令人尴尬的错误，这一令我备感羞辱的镜头只有两个目击者：我自己和我的那位装作什么也没看到的同事。直到今日，我仍然深深感激我的那位同事在那一刻所表现出来的善意的理解和宽容——一种不为人知、却给人带来力量和震撼的美德。"

宽容是一种智慧和力量

劳伦斯·斯特恩说："只有勇敢者才懂得怎样宽容……懦夫是绝不会宽容的，这不是他的性格。"我们所提倡和需要的，正是一种饱含着爱心和人性、呈现出智慧和力量的宽容。

傍晚，在一个规模不大的快餐厅里，总共有三个食客：一个老人，一个年轻人，还有我。

或许是因为食客不多的缘故，餐厅里的照明灯没有全部打开，所以显得有些昏暗。我坐在一个靠窗的角落里独自小酌，年轻人则手捧一碗炸酱面，坐在靠近门口的位置，与老人相邻。我发现，年轻人的注意力似乎不在面上，因为他眼睛的余光一刻都未曾离开过老人在桌边的手机。

事实证明了我的判断。我看到，当那个老人再次侧身点烟的时候，年轻人的手快速而敏捷地伸向手机，并最终装进他上衣的口袋里，试图离开。老人转过身来，很快发现手机不见了。他的身体微微颤抖了一下，然后立即平定下来，环顾四周。这时候年轻人已经在伸手开门，老人也似乎明白了什么，他马上站立起来，走向门口的年轻人。

我很替老人担心。我认为，以他的年老体衰，很难对付一个身强力壮的年轻人。没想到，老人却说："小伙子，请你等一下。"年轻人一愣："怎么了？""是这样，昨天是我70岁的生日，我女儿送给我一部手机，虽然我并不喜欢它，可那毕竟是女儿的一番孝心。我刚才就把它放在了桌子上，可是现在它却不见了，我想它肯定是被我不小心碰到了地面上。我的眼睛花得厉害，再说弯腰对我来说也不是件太容易的事，能不能麻烦你帮我找一下？"

年轻人刚才紧张的表情消失了，他擦了一把额头上的汗，对老人说："哦，您别着急，我来帮您找找看。"年轻人弯下腰去，沿着老人的桌子转了一圈，再转了一圈，然后把手机递过来说："老人家，您看，是不是这个？"

老人紧紧握住年轻人的手，激动地说："谢谢！谢谢你！真是不错的小伙子，你可以走了。"

我被眼前的一幕惊呆了。待年轻人走远之后，我过去对老人说："您本来已经确定手机就是他偷的，却为什么不报警？"

老人的回答使我回味悠长，他说："虽然报警同样能够找回手机，但是我在找回手机的同时，也将失去一种比手机要宝贵千倍万倍的东西，那就是——宽容。"

宽容并非仅仅是原谅，宽容更是一种智慧和力量的体现。劳伦斯·斯特恩说："只有勇敢者才懂得怎样宽容……懦夫是绝不会宽容的，这不是他的性格。"

这个年轻人是幸运的，他遇上了一位智慧而宽容的老人。相对于法律而言，宽容是纯粹个人的产物。如果按照法律规定一个人无权要求宽大处理，但结果却受到了宽容，这时的宽容才算是仁慈和自我牺牲的表现。正如这位老人，以一颗宽容的心，巧妙地解决了来自年轻人的伤害，既原谅了年轻人的过错，又留有余地，保护了他的自尊。

这正是我们所提倡和需要的，一种饱含着爱心和人性、呈现出智慧和力量的宽容。

宽容就是关注对方的感受

哲人说：一个人的心胸有多宽广，他就能赢得多少人。宽容有时候就是站在对方的立场，将心比心，关注对方的感受。付出宽容，你将收获无穷。

有这么一个小故事。在卖清粥小菜的餐厅，有两个客人同时向老板娘要求增添稀饭时，一位皱着眉头说："老板，你为什么这么小气，只给我们这么一点稀饭？"结果那位老板也皱眉说："我们稀饭是要成本的。"还加收了他两碗稀饭的钱。

另一个客人则是笑眯眯地说："老板，你们煮的稀饭实在太好吃了，所以我们一下子就吃完了。"结果，他拿到了一大锅又香又甜的免费稀饭。

宽容有时候就是站在对方的立场，将心比心，关注对方的感受。就是这么简单：如果我们总是处处为自己的利益考虑，不想付出就有所收获，结果往往是与预期相反。而付出宽容，你将收获无穷。

这是发生在某饭店的一个真实事例：有个面包大师傅，拿出现烤的面包让大家试吃，口感很好但造型不佳。当着许多人的面前，老板对他说："以你这样差劲的造型，面包一定卖不掉，我找别人来教你。"结果是，此师傅自尊心大受伤害，隔天便辞职了。

这个老板肯定没有一颗宽容的心。他的损失是巨大的，凭空让自己的竞争对手得到了一个技艺高超的面包师傅。如果他能够试着说："你的面包好吃极了！我想找别人来向你学，而且你们也可以一起研究面包的各种造型，你看如何？"结果应该截然不同。

哲人说：一个人的心胸有多宽广，他就能赢得更多的人。大凡杰出人物，都无一例外地具有博大的胸怀和宽容的美德。

日本经营之神松下幸之助以骂人出名，但是也以最会栽培人才而出名。他的这两个不同的形象，因为宽容，因为真诚与关怀而有机地整合在了一起。

有一次，松下幸之助在一家餐厅招待客人，一行6个人都点了牛排。等6个人都吃完主餐，松下让助理去请烹调牛排的主厨过来，他还特别强调："不要找经理，找主厨。"助理注意到，松下的牛排只吃了一半，心想一会儿的场面可能会很尴尬。

主厨来时很紧张，因为他知道今天请的客人来头很大。"是不是有什么问题？"主厨紧张地问。

"烹调牛排，对你已不成问题，"松下微笑着说，"但是我只能吃一半。原因不在于厨艺，牛排真的很好吃，但我已80岁了，胃口大不如前。"主厨与其他的5位用餐者困惑得面面相觑，大家过了好一会儿才明白是怎么一回儿事。"我想当面和你谈，是因为我担心，你看到吃了一半的牛排送回厨房，心里会难过。"松下接着说。

又有一次，松下对一位部门经理说："我个人要作很多决定，并要批准别人的很多决定。实际上只有40%的决策是我真正认同的，余下的60%是我有所保留的，或者说是我觉得还算过得去的。"

经理觉得很惊讶，假使松下不同意的事，大可一口否决就行了。

"你不可以对任何事都说不，对于那些你认为还算是过得去的计划，你大可以在实行过程中指导他们，使他们重新回到你所预期的轨迹。我想一个领导人有时应该接受他不喜欢的事，因为任何人都不喜欢被否定。"

一个时时能为别人着想，关注对方感受的人，他所散发出来的人格魅力让我们久久地折服。因为他们以"爱"为出发点，去欣赏他人的优点，用真诚的心态，诚心诚意地去发掘他人的特色，并懂得处处为别人留有余地。

宽容是一种无声的教育

宽容是一种无声的教育。责人不如帮人，倘若对别人的错处一味挑剔、呵责，不但令人反感，取不到教育的效果，而且可能激起逆反心理，使人一错再错。

相传古代有位老禅师，一日晚上在禅院里散步，突见墙角边有一张椅子，他一看便知有位出家人违反寺规越墙出去溜达了。

老禅师并不声张，走到墙边，移开椅子，就地而蹲。少顷，果真有一小和尚翻墙，黑暗中踩着老禅师的背脊跳进了院子。当他双脚着地时，才发觉刚才踏的不是椅子，而是自己的师傅。

小和尚顿时惊慌失措，瞠目结舌。但出乎小和尚意料的是师傅并没有厉声责备他，只是以平静的语调说："夜深天凉，快去多穿件衣服。"

老禅师宽容了他的弟子。他知道，宽容是一种无声的教育。

人非完人，孰能无错？倘若对别人的错处一味挑剔、呵责，不但令人反感，取不到教育的效果，而且可能激起逆反心理，使人一错再错。所以，责人不如帮人，用自己的行动把别人的错处扛起来，在爱与宽容中进行无言却最丰富的交流。

美国作家杰瑞·哈伯特关于他小时候的一段回忆让我们再一次感受到了宽容的魅力。

杰瑞·哈伯特写道："有一位我曾经很熟悉的老夫人，我现在已经记不起她的姓名了，她原本是我在威斯康星州的迈阿密送报纸的时候认识的一位客户。

"那件事发生在一个风和日丽的午后。那天，我正和一个朋友躲在那位老夫人家的后院里朝她的房顶上扔石头。我们饶有兴味地注视着石头从房顶边缘滚落，看着它们像子弹一样射出，又像彗星一样从天而降，我们觉得很开心，很有趣。

"我拾起一枚表面很光滑的石头，然后把它掷了出去。也许因为那块石头太光滑了，当我把它掷出去的时候，不小心，它从我手中滑落，结果砸到了老夫人家后廊上的一个小窗户上。我们听到玻璃破碎的声音，然后就像兔子一样从老夫人的后院里飞快地逃走了。

"那天晚上，我一想到老夫人后廊上被打碎的玻璃就很害怕，我担心会被她抓住。很多天过去了，一点儿动静都没有。这时候，我确信已经没事了，但我的良心却开始为她的损失感到一种深深的犯罪感。我每天给她送报纸的时候，她仍然微笑着和我打招呼，但是我见到她时却觉得很不自在。

"我决定把我送报纸的钱攒下来，给她修理窗户。3个星期后，我已经攒下7美元，我计算过，这些钱已经足够修理窗户了。我把钱和一张便条一起放在信封里，在便条上向她解释了事情的来龙去脉，并且说我很抱歉打破了她的窗户，希望这7美元能抵补她修理窗户的开销。

"我一直等到天黑才鬼鬼祟祟地来到老夫人家，把信封投到她家门前的信箱里。我的灵魂感到一种赎罪后的解脱，我重新觉得自己能够正视老夫人的眼睛了。

"第二天，我去给老夫人送报纸，我又能坦然面对老夫人给予我的亲切温和的微笑，并且也能回她一个微笑了。她为报纸的事谢过我之后说："我有点儿东西给你。"原来是一袋饼干。我谢了她，然后就一边吃着饼干，一边继续送我的报纸。

"吃了很多块饼干之后，我突然发现袋子里有一个信封，我把它拉了出来，当我打开信封的时候，我惊呆了。信封里面是 7 美元和一张简短的便条，上面写着：'我为你骄傲。'"

杰瑞·哈伯特最后写道："那是 1954 年的岁末，那一年我 12 岁。虽然已经隔了这么多年，她曾经给我上的一堂宽恕他人的课，还像是昨天刚刚发生过的一样，我只希望有一天我能把它传授给其他什么人。"

宽容的信赖

唯有宽容的人，其信赖才更真实，更让人感动。一个比预想更棒的冰箱是对宽容与信赖的最好回报。我们不求回报，但是美好的品质总会在最后显露出它的价值。

刚来新西兰那会儿，因为心急，在二手市场花了80块新币买了个冰箱，但冷藏效果不好，有杂音，耗电量也大，我就想将它卖掉，另外再买一个。

新冰箱要花一两千元新币，所以我还是打算买个二手的。由于不急，我懒得出去跑，就写了一个小广告，将自己对冰箱的大小、款式和300元左右的承受价格等要求都写上了，用传真发给免费刊登这类商品信息的《路特报》。广告登出后的当天晚上，我就接到一个当地人打来的电话，说他家有一个冰箱用了不到四年，大小、款式和价格都符合要求，问我是不是感兴趣。我问他住在什么地方，他说在剑桥镇。我一听这地方，有点犹豫了，因为那里距我住的汉密尔顿市有30多公里的路程。

但我又知道，只用了四年的冰箱才卖300块钱，实在很划算。到新西兰住久了后，我对洋人说的话从来不怀疑，他说是四年就一定是四年，决不会把本来用了七八年的说成是四年，只是路途远了点，我说，我的车子后面没有拖斗。他说，他可以送货上门。

既然如此，那就敲定了。我说："行，我不用看了，你明天送来给我吧。"因为，一般来说，买这样的大件，是要提前看看"货"的，否则人家送上门来，却被拒绝，彼此尴尬。

那人却说："对不起，我现在还要用一阵子。大约一个多月吧。"接着他告诉我，他正在办理去美国的移民，一切都差不多了，只要签证到手，他就将冰箱送到我的家里。

原来如此。怪不得冰箱卖得这么便宜。洋人就是这样，他只要觉得给你造成了不便，就会自动降下价来。因为这样，我就更加相信他所讲的冰箱的质量了。

我说："行了，你先用吧。等签证到手，就送来给我吧。"那人很感激我的宽容和信赖。

谁知道这一等可真是考验了我的耐心，因为事情有了变化，一个多月后，那人突然打来电话，对我说，对不起，签证还没有批下来，他还在等待之中，因此，冰箱还不能送来给我，并问我是不是还要买他的冰箱。

我想了想，说："行，你继续等吧。我还是买你的冰箱。"这一回，他没有说要等多久。大约知道那不是由他说了算的。我也没有问，既然已经答应等他了，再问也没有用，何况我还有个不大好的冰箱凑合着用。

这期间，又有两个当地人给我打电话，说他们有符合我的要求的冰箱可卖。我甚至还忍不住去距我家较近的一个老太太家去看了看那个冰箱。的确也是个很不错的冰箱，只是体积大了一点，使用得久了一点，但还可以降一点价，大约 280 元就可以买下来。

其实用不着多想，我完全可以当时就买下来，对剑桥镇的那个卖家，打个电话告诉他就是了，反正我一分钱押金也没有出。他还不知道要等多久呢。我相信，即使买了这个冰箱，他也觉得在情理之中，一点儿也不会埋怨我的，而我也不觉得亏欠了他。

但是，回到家，我还是给老太太打了个电话，说谢谢她了，让她卖给别人吧。我在心里对我自己说，不买她的冰箱有两点理由：一不是最理想的冰箱，我认为剑桥镇的那个冰箱最理想；二是为了一份信赖。我是一个中国人，我要让洋人觉得咱中国人是讲信用的。

这样一等，居然等了半年。就在我因为学习忙得差点都要"忘记"冰箱的时候，一天晚上，我突然接到了一个电话，是剑桥镇打来的。那人有一点儿不好意思地问："你还要我的冰箱吗？"

"你的签证来了？"我反问道。

我们都很兴奋，说好第二天他将冰箱送上门来。

翌日一早，他与一个朋友开着货车果然按照我提供的地址将冰箱小心翼翼地送到了我家。

啊，真棒的冰箱！是最流行的款式，无氟，全封闭的，乳白色，比我想象中的还要理想。一个朋友买了一个二手冰箱，比这个差些，还花了 500 元呢。

我真是太高兴了。两位洋人不让我动手，将冰箱完全摆好，才笑盈盈地看着我，仿佛在说："怎么样，哥们儿？"我赶紧付钱，并请他们喝中国茶。但他们说，不了，太忙了。

就在他们转身出门时，卖主变戏法似的从口袋里掏出一瓶葡萄酒，像发奖一样庄重地交到我手里，一字一句地说："这里面装的全是信赖。"

我握着这瓶葡萄酒，握着这带有洋人体温的沉甸甸的信赖，眼眶慢慢潮湿了……

宽容的智慧

俗话说：吃亏是福。这种吃亏，其实就是一种宽容的智慧。以一种博大的胸怀和真诚的态度宽容别人，就等于送给了自己一份神奇的礼物。

在美国一个市场里，有个中国妇人的摊位生意特别好，引起其他摊贩的嫉妒，大家常有意无意地把垃圾扫到她的店门口。

这个中国妇人只是宽厚地笑笑，不予计较，反而把垃圾都清扫到自己的角落。旁边卖菜的墨西哥妇人观察了她好几天，忍不住问道："大家都把垃圾扫到你这里来，你为什么不生气？"

中国妇人笑着说："在我们国家，过年的时候，都会把垃圾往家里扫，垃圾越多就代表赚得钱越多。现在每天都有人送钱到我这里，我怎么舍得拒绝呢？你看我的生意不是越来越好吗？"

从此以后，那些垃圾就不再出现了。

宽容不是迁就，也不是软弱，而是一种充满智慧的处世之道。中国妇人用宽容宽恕了别人，也为自己创造了一个融洽的人际环境，这种化诅咒为祝福的智慧确实令人惊叹。

以一种博大的胸怀和真诚的态度宽容别人，就等于送给了自己一份神奇的礼物。任何担心这样做会引起混乱或被认为是示弱行为或怕丢面子的想法都是不正确的，几乎所有这样的担心都是多余的，没来由的。

清朝时期，大臣张廷玉与一位姓叶的侍郎都是安徽桐城人。两家毗邻而居，都要起房造屋，为争地皮，发生了争执。

张老夫人便修书传至北京，要张廷玉出面干预。这位大臣到底见识不凡，看罢来信，立即作诗劝导老夫人："千里家书只为墙，再让三尺又何妨？万里长城今犹在，不见当年秦始皇。"张母见书明理，立即把墙主动退后三尺；叶家见此情景，深感惭愧，也马上把墙让后三尺。

这样，张叶两家的院墙之间，就形成了六尺宽的巷道，成了有名的"六尺巷"。张廷玉失去的是祖传的几分宅基地，换来的却是邻里的和睦及流芳百世的美名。

俗话说：吃亏是福。这种吃亏，其实就是一种宽容的智慧。因为上天是公平的，你在这里失去的东西，它会在那里给你加倍的回报。

宽容是海

《圣经》说："遮掩人过的，寻求人爱；屡次挑错的，离间密友。"宽容是一片宽广而浩瀚的海，包容了一切，也能化解了一切，裹挟着你跟随着它一起浩浩荡荡向前奔涌。

宽容待人，能够结交到长久的友谊，因为你的宽容行为对看到它和听到它的人都能产生影响。请记住杰克·伦敦的劝告："献出你自己，学会宽容，乐于赏识和称誉他人，并时刻保持能够使自己得到成长和增加学识的灵活性——这一切便产生了幸福、和谐、美满和事业有成。这就是一个人丰富多彩的生活应有的特征。"

6世纪的德国天文学家开普勒尚未出名时，曾经写过一本关于天体的小册子，被当时久负盛名的丹麦天文学家第谷发现。当时，第谷正在布拉格进行天文学的研究，繁忙当中，他向素不相识的开普勒发出邀请，请他和自己共同研究天文学。

开普勒得此消息当然非常高兴，立刻携妻带女星夜兼程前往布拉格，谁想好事多磨，刚走到半路他便病倒了，当时已身无分文，第谷得知后给他寄了钱才使他一家来到布拉格。但由于妻子的缘故，开普勒和第谷产生了误会，又因为自己没有马上受到国王的接见，便怪罪于第谷，认为是第谷使坏，便很不冷静地给第谷写了一封信，毫无缘由地谩骂了第谷一通，不辞而别。

　　第谷是个脾气极其不好的人，容易激动恼怒，但对于开普勒，他出奇地平静，他太喜欢这个年轻人，他觉得这个年轻人富有才华，是极有发展前途的人才，便对秘书说："请立刻代我写信给开普勒，把事情的原委告诉他，说我和国王都是欢迎他的。"

　　第谷的胸怀感动了开普勒，他惭愧地再次来到布拉格。和第谷合作不久，第谷就身患重病，卧床不起。临终前，第谷将自己所有的资料和观察星辰的科学底稿都毫无保留地交给了开普勒，开普勒后来根据这些资料和底稿整理出著名的《路德福天文表》。

　　这就是宽容。误解、谩骂、忘恩负义，第谷都不去计较，并在临终之前将一份最珍贵的信任托付给开普勒。《圣经》说："遮掩人过的，寻求人爱；屡次挑错的，离间密友。"宽容是一片宽广而浩瀚的海，包容了一切，也能化解了一切，裹挟着你跟随着它一起浩浩荡荡向前奔涌。

宽容不是软弱

宽容不是软弱，不是息事宁人；宽容不是向丑恶投降，而是保护美的生长。让能开花的开花，能结果的结果，该凋零的凋零，该腐烂的腐烂。正是宽容能做到这一切。

在这个越来越物质化的社会里，人们为功利性的表象所蒙蔽，我们不但很少能感受到宽容带来的爱和力量，更很少去思考宽容本身所具有的美和智慧，宽容的面容变得越来越模糊迷离了。许多人直到现在都固执地认为，人们在现代社会不能做到宽容，也无法做到宽容。

或许人们认为，宽容是软弱的表现，宽容只能让我们退让和忍受；宽容应该是相互的，如果我对他宽容，他对我却不宽容，岂不是我就吃了大亏？抱有这种认识和思想的人，实际上他们已经不宽容了，他们理解的宽容是片面的、极端的。

比如有甲乙两人。如果甲向乙借用镰刀，结果遭到乙拒绝。不久乙向甲借马，甲遂答："上回你不借我镰刀，所以这回我也不借马给你。"

这是报复。

如果甲向乙借用镰刀，结果遭到乙拒绝。不久乙向甲借马，甲虽然答应，却趁借马之机向乙说道："上回你不借我镰刀，但是这回我却借你马。"

这是憎恶。

如果甲向乙借用镰刀，结果遭到乙拒绝。不久乙向甲借马，甲欣然答应，不但绝口不提上次借镰刀的事，还热情地告诉乙这匹马的习性。

这就是宽容。

在现实生活中，我们见到的大多是具有报复之心和憎恶之情的人，而那种具有宽容的博大胸怀的人，必将在众人中脱颖而出。

有这样一个故事：

某单位调来一位新主管，据说是个能人，专门被派来整顿业务；可是日子一天天过去，新主管却毫无作为，每天彬彬有礼地走进办公室后，便躲在里面很少出门。那些本来紧张得要死的"坏分子"，变得更加猖獗了。

"他哪里是个能人嘛！根本是个老好人，比以前的主管更容易唬！"

四个月过去，就在大家为新主管感到失望时，新主管却发威了——"坏分子"一律开革，能人则获得晋升。下手之快，断事之准，与四个月中表现保守的他，简直判若两人。

年终聚餐时，新主管在酒过三巡之后致词："相信大家一定对我新到任初期的表现和后来的大刀阔斧感到不解，现在听我说个故事，各位就明白了。我有位朋友，买了栋带大院的房子，他一搬进去，就将院子进行全面整顿，杂草杂树一律清除，改种自己新买的花卉。某日，原先的屋主来访，进门大吃一惊地问：'那最名贵的牡丹哪里去了？'我这位朋友才发现，他竟然把牡丹当草给铲了。

"后来他又买了一栋房子，虽然院子更加杂乱，他却是按兵不动。果然，冬天以为是杂树的植物，春天里开了繁花；春天以为是野草的，夏天里成了锦簇；半年都没有动静的小树，秋天居然红了叶。直到暮秋，他才真正认清哪些是无用的植物，而大力铲除，并使所有珍贵的草木得以保存。"

宽容不是软弱，不是息事宁人；宽容不是向丑恶投降，而是保护美的生长。这个故事看似与宽容无关，但是让能开花的开花，能结果的结果，该凋零的凋零，该腐烂的腐烂。正是宽容做到了这一切。

一分宽容胜过十分责备

我开始更多地注意生活中的一些细节，比如，把愤怒的姿势换成握手，让一句厉声的呵斥变得温和，给仇怨一个宽容的眼神，等等。我不想从这些细节中得到什么回报，但我知道，这些细节一定会碰上一颗善于感知的心灵。实际上，这已经足够了，就像阳光照耀大地万物的时候，它并不会在意一朵花是否会散发出幽香和芬芳一样。

宽容是人际交往中最重要的理念之一，如果别人能原谅错误，那你也能。除非宽容别人，否则我们无法体会到爱。宽容别人带来的愉快本身是至高无上的。它使我们认识到自己值得受到宽容，也使我们认识到没有宽容心的人是有缺陷的、危险的。

宽容可以通过语言等显性因素来表达，也可通过细节等隐性因素来表达，有时候这些细节或许连自己都未意识，却被善于感知的心灵接纳了。宛如获得了最温暖的心灵触摸，这些纤弱的心也蓬蓬勃勃生长。

我读到过一位中学老师写的一篇文章。有一天晚上，是这位老师值班。照例他要到操场上去转转，操场在教学楼的后边。周边是零星的几盏路灯，有极淡的一点光晕射出来。他带着手电出来，开始沿着跑道往里走，学生们大都回宿舍睡觉去了，到操场转转的目的，无非是怕有的学生还没有回去，毕竟在这样一个春末的晚上，清新的空气以及舒爽宜人的温度是让人留恋和眷顾的。如果还有别的目的的话，那就是看看还有没有男女生在操场上——提防早恋的学生。

　　果然，再往夜色更深处走，这位老师看到了两个人的背影，那应该是一个男生和一个女生。他踌躇了一下，快走几步，赶上了他们。装作欣赏夜色样子，他说：今晚的月亮真美，风也很轻柔……你们说是不是？对了，明天 6 点起床，你们不怕明天起不来吗？他俩嗫嚅着，说不出话来。听他们的气息，显然被吓坏了，声音中透着紧张和惶恐。面对他们站着，但暗淡的光，还是不能辨清他们的面目。

　　这位老师问了他俩的班级和姓名，便让他们回去了。虽然感觉他们是在早恋，也想跟他们的班主任谈谈。但后来无意中便把这事忘了。

　　之后，过了好几年，一封来自珠海某公司的信飞至这位老师的案头。原来，信是那个女生寄来的。信里谈及的内容，也是关于那个晚上的事情。她说：李老师，那个晚上，被您撞见后，我很害怕，其实我们在一起走的时候一直担心着一件事情，就是手电筒，我怕突然有一束光毫不留情地照在我俩的脸上，如果这样的话，我们一定会无地自容，以后也不会有好的心态去学习。但是您并没有拧亮您的手电筒，虽然您也有这么一只。这些年，我一直忘不了这件事情，今天给您写这封信，我要郑重地对您说声：谢谢您。

　　这个老师最后写道："我在那个晚上，心底里并没有感觉到亮不亮手电会对那件事产生多大的意义。然而，就是这样的一个细节，对于一个孩子，对于一个犯了错误的孩子，是多么大的尊重。这件事情之后，我开始更多地注意生活中的一些细节了，比如，把愤怒的姿势换成握手，让一句厉声的呵斥变得温和，轻拍对方的肩膀，给仇怨一个宽容的眼神，用心倾听卑微的人的话语，等等。我不想从这些细节中得到什么回报，但我知道，这些细节一定会碰上一颗善于感知的心灵。实际上，这已经足够了，就像阳光照耀大地万物的时候，它并不会在意一朵花是否会散发出幽香和芬芳一样。或许，它所在意的是，光线的每一个细微的部分，是不是给了花瓣最温暖的触摸。"

正是无意中的一次宽容，无意中的一个细节，却产生了意料不到的效果：给了学生一个坦荡的胸怀，一个光明的前途。就是这样，一分宽容胜过十分责备，宽容别人会给人带来一种感觉：你是一个宽容大度的人。

学会宽恕他人

不懂得宽恕的人，折掉了他自己也得通过的桥梁；因为，每一个人都需获得宽恕。

——赫伯特勋爵

罗依·马斯特斯在他的《心理健康要诀》中指出，倘若有人冒犯了我们，我们应感激他们才是。他解释说：他们是在做好事。因为，当我们原谅了那些冒犯我们的人时，同时也就消除了一些我们从前给他们造成的冒犯。我们由此也获得了一条有益的教训："要取得别人的宽恕，你首先要宽恕别人。"

那些不能谅解他人的人，其自身可能遭受身体、智力、情感甚至精神上的伤害。凯西的例子就很有说服力。凯西一生都痛恨她的父亲，而且她认为这种痛恨完全是正当的。据称，父亲抛弃了母亲、凯西和其他六个孩子。每当母亲怀孕时，父亲就失踪了，直到婴儿降临到世上，父亲才露面。而一旦他回到家，从前的痛苦经历就会重演，他让每一个孩子受尽打骂，有时甚至还用马鞭毒打母亲。母亲和孩子们对他怕得要命，谁也不知道他会在什么时候发脾气、打人。有时，凯西被吓得藏在床下或桌下。许多人都认为，凯西痛恨父亲完全是正当的。

然而，凯西的这种持久的愤怒给自己的生活和感情造成了很大的伤害。和父亲一样，凯西常常会因为一些小的差错而用鞭子抽人。她的行为使她丢掉了一份份工作，她和许多人相处得既紧张，又无趣。

她的痛恨与苦恼最终伤害了她的健康。她患上了头疼、胃病和关节炎。尽管医生为她的病尽了最大的努力，她仍然感染了许多疾病，体弱不堪。到了她25岁生日时，凯西的外表已像个中年妇女了。

她知道，如果她学会了宽恕父亲，她的状况会好得多；但是，她做不到这一点，她也不希望任何人宽恕自己。每当她追忆起往日的痛苦生活，她就愤怒地大叫："他这个糟糕透顶的家伙，看看他做过的那些事！"然而，凯西在内心深处一直在提醒自己："要得到宽恕，你自己必须宽恕他人。"为求得宽恕，我们会不惜一切代价。凯西也不例外，她希望有朝一日能卸去心灵上的包袱，希望求得他人的宽恕。于是，她开始了这个艰难的宽恕历程，她这么说了一句："我宽恕你这个该死的。"

最初，这样做很困难，凯西感到自己有些不诚实，因为她心目中一点也没有宽恕父亲。

但她坚持了下来，口中的语言也变得缓和了。不久，她就不再说"你这个该死的"。当她了解到父亲何以对他们如此残暴时，她开始可怜他；最后，她对父亲有了真正的爱。

凯西宽恕了父亲之后，她也开始宽恕自己，爱自己。最终，她摆脱了身体的各种疾患，走向新的生活。通过这个经历，凯西认识到，宽恕不仅使被宽恕者受益，而且，宽恕者自己亦受益匪浅。

当一个人不再背着拒不宽恕的包袱时，他的心境就会重新获得宁静，轻装前进。人的头脑是个十分奇妙的工具，它能将信息储存起来，以备日后查找。如果一个有关冒犯的（包括实际的和感觉到的）消极念头存在着，改变这一心理印象的能力也存在着。消极的记忆可以通过宽恕他人和宽恕自己而得到改变。

西奥多·凯勒·斯皮尔斯强调指出："如何宽恕他人，这是我们需要学习的一种能力；我们不能将宽恕视做一种责任，或视做一种义务，而要把它当做类似于爱的体验，它应自发地到来。"

一把珍贵的小提琴

一把小提琴，传递的是爱心和宽容。我在想，是怎样的人，才能为我们演奏出这一震撼心灵的乐曲呢？

每天黄昏的时候，我都会带着小提琴去尤莉金斯湖畔的公园散步，然后在夕阳中拉一曲《圣母颂》，或者是在迷梦的暮霭里奏响《麦绮斯冥想曲》，我喜欢在那悠扬婉转的旋律中编织自己美丽的梦想。小提琴让我忘掉世俗的烦恼，把我带入一种田园诗般纯净恬淡的生活中去。

那天中午，我驾车回到离尤莉金斯湖不远的花园别墅。刚刚进客厅门，我就听见楼上的卧室里有轻微的响声，那种响声我太熟悉了，是我那把阿马提小提琴发出的声音。"有小偷！"我一个箭步冲上楼，果然不出我所料，一个大约12岁的少年正在那里抚摩我的小提琴。

那个少年头发蓬乱，脸庞瘦削，不合身的外套鼓鼓囊囊，里面好像塞了某些东西。我一眼瞥见自己放在床头的一双新皮鞋失踪了，无疑他是个贼。我用结实的身躯堵住了少年逃跑的路，这时，我看见他的眼里充满了惶恐、胆怯和绝望。

就在刹那间，我突然想起了记忆中那块青色的墓碑，我愤怒的表情顿时被微笑所代替，我问道："你是拉姆斯敦的外甥鲁本吗？我是他的管家，前两天我听拉姆斯敦先生说他有个住在乡下的外甥要来，一定是你了，你和他长得真像啊！"

听见我的话，少年先是一愣，但很快就接腔道："我舅舅出门了吗？我想我还是先出去转转，待会儿再来看他吧。"我点点头，然后问那位正准备将小提琴放下的少年："你很喜欢拉小提琴吗？""是的，但我很穷，买不起。"少年回答。"那我将这把小提琴送给你吧。"我尽量平缓地说。

　　少年似乎不相信小提琴是一位管家的，他疑惑地望了我一眼，但还是拿起了小提琴。临出客厅时，他突然看见墙上挂着一张我在悉尼大剧院演出的巨幅彩照，于是浑身不由自主地颤栗了一下，然后头也不回地跑远了。我确信那位少年已明白是怎么回事，因为没有哪一位主人会用管家的照片来装饰客厅。

　　那天黄昏，我破例没去尤莉金斯湖畔的公园散步，妻子下班回来后发现了我的这一反常现象，忍不住问道："你心爱的小提琴坏了吗？""哦，没有，我把它送人了。""送人？怎么可能！你把它当成了你生命中不可缺少的一部分。""亲爱的，你说得没错，但如果它能够拯救一个迷途的灵魂，我情愿这样做。"看见妻子并不明白我说的话，我就将当天中午的遭遇告诉了她，然后问道："你愿意再听我讲述一个故事吗？"妻子迷惑不解地点了点头。

　　"当我还是一个少年的时候，我整天和一帮坏小子混在一起。有天下午，我从一棵大树上翻身爬进一幢公寓的某户人家，因为我亲眼看见这户人家的主人驾车出去了，这对我来说，正是偷盗的好时机。然而，当我潜入卧室时，我突然发现有一个和我年纪相当的女孩半躺在床上，我一下怔在那里。那位女孩看见我，起先非常惊恐，但她很快就镇定下来，她微笑着问我：'你是找五楼的迈克劳德先生吗？'我一时不知说什么好，只好机械地点头。'这是四楼，你走错了。'女孩的笑容甜甜的。我正要趁机溜出门，那位女孩又说：'你能陪我坐一会儿吗？我病了，每天躺在床上非常寂寞，我很想有个人跟我聊聊。'我鬼使神差地坐了下来。那天下午，我和那位女孩聊得非常开心。最后，在我准备告辞时，她给我拉了一首小提琴曲——《希芭女王的舞蹈》。看见我非常喜欢听，她又索性将那把阿马提小提琴送给我。

就在我怀着复杂的心情走出公寓，无意中回头看时，我发现那幢公寓楼竟然只有四层，根本就不存在所谓的居住在五楼的迈克劳德先生！也就是说，那位女孩其实早知道我是个小偷，她之所以善待我，是因为想体面地维护我的自尊！后来我再去找那位女孩，她的父亲却悲伤地告诉我，患骨癌的她已经病逝了。我在墓园里见到她青色的石碑，上面镌刻着一首小诗，其中有一句是这样的：'把爱奉献给这个世界，所以我快乐！'"

三年后，在墨尔本市高中生的一次音乐竞技中，我应邀担任决赛评委。最后，一位叫梅里特的小提琴选手凭借雄厚的实力夺得第一名。评判时，我一直觉得梅里特似曾相识，但又想不起来在哪里见过。颁奖大会结束后，梅里特拿着一只小提琴匣子跑到我的面前，脸色绯红地问："布里奇斯先生，您还认得我吗？"我摇摇头。"您曾经送过我一把小提琴，我一直珍藏着，直到有了今天！"梅里特热泪盈眶地说，"那时候，几乎每一个人都把我当成垃圾，我也以为我彻底完蛋了，但是您让我在贫困和苦难中重新拾起了自尊，心中再次燃起了改变逆境的熊熊烈火！今天，我可以无愧地将这把小提琴还给您了……"

梅里特后来打开琴匣，我一眼瞥见自己的那把阿马提小提琴正静静地躺在里面。梅里特走上前紧紧地搂住我，三年前的那一幕顿时重现在我的眼前，原来他就是"拉姆斯敦的外甥鲁本"！我的眼睛湿润了，仿佛又听见那位女孩凄美的小提琴曲，但她永远都不会意识到，她的纯真和善良曾经是怎样震颤了两位迷途少年的心灵，让他们重树生命的信念！

与人为善

要想获得，就必须先给予；而最难得的，是那种不求回报的给予，因为它以爱和宽容为基础。

在现代社会，宽容已经很少为人提及了，然而，对人对己的那种宽容心的培育却是获得财富和幸福的核心内容。莎士比亚之所以被称为最伟大的仁者，就在于宽容。在莎士比亚的 36 部戏剧中，"宽容"一词在 33 部中共出现了 94 次。从莎士比亚的作品中，我们能够清晰地辨别出，莎士比亚几乎对所有的生物（不管是人还是动物）都无限地宽容。

《圣经》上说，有个人招待了一群客人，等客人离去，才发现他们原来是上帝派来的使者。从此做父母的就教导孩子们说，碰到衣衫破烂或长相丑陋的人，切不可怠慢，而要帮助他，因为他可能是天上的仙人。

一个阴雨密布的午后，大雨突然间倾泻而下，行人纷纷逃进就近的店铺躲雨。这时，一位浑身湿淋淋的老妇人，步履蹒跚地走进费城百货商店。看着她狼狈的姿容和简朴的衣裙，所有的售货员都对她不理不睬。

只有一个年轻人热情地对她说："夫人，我能为您做点什么吗？"老妇人莞尔一笑："不用了，我在这儿躲会雨，马上就走。"但是，她的脸上明显露出不安的神色，因为雨水不断地从她的脚边淌到门口的地毯上。

正当她无所适从时，那个小伙子又走过来说："夫人，您一定有点累，我给您搬一把椅子放在门口，您坐着休息就是了。"两个小时后，雨过天晴，老妇人向那个年轻人道了谢，并随意地向他要了张名片，就颤巍巍地走了出去。

几个月后，费城百货公司的总经理詹姆斯收到一封信，写信人指名要求这位年轻人前往苏格兰收取装潢一整座城堡的订单，并让他负责自己家族所属的几个大公司下一季度办公用品的采购任务。詹姆斯震惊不已，匆匆一算，只这一封信带来的利益，就相当于他们公司两年的利润总和。

当他以最快的速度与写信人取得联系后，才知道这封信是一位老妇所写，就是几个月前曾在自己商店躲雨的那位老太太——而她正是美国亿万富翁"钢铁大王"卡内基的母亲。

詹姆斯马上把这位叫菲利的年轻人推荐到公司董事会。毫无疑问，当菲利收拾好行李准备去苏格兰时，他已经是这家百货公司的合伙人了。那年，菲利22岁。

不久，菲利应邀加盟到卡内基的麾下。随后的几年中，菲利以他一贯的踏实和诚恳，成为"钢铁大王"卡内基的左膀右臂，在事业上扶摇直上、飞黄腾达，成为美国钢铁行业仅次于卡内基的灵魂人物。

去弄清楚这个故事的真假已没有任何意义，但它表述的道理却千真万确：要想获得，就必须先给予；而最难得的，是那种不求回报的给予，因为它以爱和宽容为基础。

一个来自泸沽湖畔的摩梭乡下女孩，后来被世人喻为中国的"夜莺"的杨二车娜姆，也有过一段类似的经历。

娜姆初到美国留学时，生活拮据。她白天学习音乐和英语，晚上就在一个小餐厅里当服务员。一天，有个面容憔悴、神情凄苦的老人，为躲避外面的狂风走进餐厅。所有人都漠视他，甚至有人因为他的寒酸要赶他出门，只有娜姆动了恻隐之心，她知道有很多美国老人晚年都很孤独，于是，她就搬了一把软椅让老人休息，并自掏腰包为他要了饮料。为了让老人开心，还专门为他点唱了中国的民歌，并热情邀请他参加中国留学生的聚会。渐渐地，老人笑逐颜开了。

两个月后，这位老人交给娜姆一封信和一串钥匙，信里装着一张巨额支票，娜姆惊愕万分。信的内容如下：娜姆，我年轻的时候收养了3个越南孤儿，为此一直没有结婚。可当我含辛茹苦地教育他们长大成人自立后，他们却抛弃了我这个养父。我退休前在一家公司当工程师，有着丰厚的收入，但钱对我这个历经沧桑、将要入土的老人毫无意义，我需要的是亲人的温暖和友谊。娜姆，只有你给过我这种金钱难买的情谊。现在，我已回到乡下落叶归根，我把这一生的积蓄和房子都留给你，用这些钱来实现你源于泸沽湖畔的音乐梦吧。

从此，老人杳如黄鹤。

娜姆心潮澎湃，感慨万千，为了告慰老人，她用这笔钱做了一张风靡全球的中国民族音乐专辑，并开始致力于中外文化交流。从此，娜姆甜美的歌声响彻了全世界。

就是这么简单的道理：与别人为善，就是与自己为善，与别人过不去，就是与自己过不去。

宽容

是深藏爱心的体谅

宽恕伤害自己的人

宽恕伤害自己的人，是困难的，也是高贵的。

在美国爱荷华大学已故副校长曾工作的房子里保存着一封信的复印件，这封信让很多人读后潸然泪下，这封信所传递出的爱心与宽容，体现出人性的高贵，散发着震撼人心的力量。

那位副校长名叫安·柯莱瑞，她是爱荷华大学最有权威的女性之一。很久以前，她的父亲曾远涉重洋，到中国传教，她成了出生在中国上海的美国人，所以她对中国人有着特殊的感情。她终身未婚，对待中国留学生就像对待自己的孩子一样，无微不至地关照他们，爱护他们，每年的感恩节和圣诞节总是邀请中国学生到她家中做客。

不幸的事情发生在 1991 年 11 月 1 日，那是一起震惊世界的惨案。一位叫卢刚的中国留学生，在他刚获得爱荷华大学太空物理博士学位的时候，开枪射杀了 3 位教授，一位和他同时获得博士学位的中国留学生，这所学校的副校长安·柯莱瑞也倒在了血泊中。

1991 年 11 月 4 日，爱荷华大学的 28000 名师生全体停课一天，为安·柯莱瑞举行了葬礼。安·柯莱瑞的好友德沃·保罗神甫在对她的一生进行回顾追思时说："假若今天是被我们的愤怒和仇恨笼罩的日子，安·柯莱瑞将是第一个责备我们的人。"

安的惨死并没有动摇亲人们的信仰，并没有让他们以仇恨来取代爱。

他们深知，仇恨的心理最后伤害的是自己，仇恨的心理也不符合安生前所坚持的理想。爱和宽恕才是对亲人最好的纪念。这一天，安·柯莱瑞的3位兄弟举行了记者招待会，他们以她的名义捐出一笔资金，宣布成立安·柯莱瑞博士国际学生心理学奖学基金，用以安慰和促进外国学生的心智健康，减少人类悲剧的发生。他们向杀害亲人的凶手的家人伸出了温暖的双手，她的兄弟们还在无比悲痛之时，以极大的爱心宣读了一封致卢刚家人的信。这就是那封在安·柯莱瑞曾工作的房子里保存着复印件的信。

致卢刚的家人：

我们经历了突发的剧痛，我们在姐姐一生中最光辉的时候失去了她。我们深以姐姐为荣，她有很大的影响力，受到每一个接触她的人的尊敬和热爱——她的家庭、邻居，她遍及各国学术界的同事、学生和亲属。

我们一家从很远的地方来到这里，不但和姐姐的众多朋友一同承担悲痛，也一起分享着姐姐在世时留下的美好回忆。

当我们在悲痛和回忆中相聚一起的时候，也想到了你们一家人，并为你们祈祷。因为这个周末你们肯定是十分悲痛和震惊的。

安最相信爱和宽恕。我们在你们悲痛时写这封信，为的是要分担你们的悲伤，也盼你们和我们一起祈祷彼此相爱。在这痛苦的时候，安是会希望我们大家的心都充满同情、宽容和爱的。我们知道，在此时，比我们更悲痛的，只有你们一家。请你们理解，我们愿和你们共同承受这悲伤。这样，我们就能从中一起得到安慰和支持。安也会这样希望的。

诚挚的安·柯莱瑞博士的兄弟们

弗兰克／麦克／保罗·柯莱瑞

令人难忘的体谅

我现在真想成为像那位老先生一样的人，成为那种不经意之中就流露出对他人深深体谅的人。

一位朋友写信告诉我他经历的一件事，他说这件事对他影响很大，使他从此在待人接物方面有了很大的改变，而且从此他感到生活好像美好了许多。

他是位初出茅庐的画家，居住在西班牙的马约尔加岛。去年母亲到西班牙看望他，在返回日本那天发生了这样一件事情。

一大早，母亲和他气喘吁吁地把两个大旅行箱从那座具有 200 年历史的古老公寓的四楼搬下来，放在几乎无人通过的路边，坐在箱子上等出租车。

马约尔加岛不是城市，出租车不会经常往来，当然也无法通过电话叫车，只能在路边等着，谁也不知道出租车何时能来。

他因为已在岛上住了三年，很了解这种情况，所以显得坦然自在。马约尔加岛的生活与东京快节奏的生活截然不同。

大约过了 20 分钟，从相反车道过来一辆出租车，他立即起身招手，但他看到车内有乘客时就放下手，出租车缓缓地驶了过去。

然而，那辆车驶了 30 米左右就停住了，那位乘客下车了。

"噢，真幸运，那人在这里下车呀。"

从车内走出的是一位看起来颇有修养的老绅士，出租车调头开回来了。他对这个偶然感到很高兴，并迅速把旅行箱装进车的后备箱。

坐进车后，他告诉司机去机场。并说，"我们真幸运，谢谢你。"

司机耸了耸肩膀说："要谢，你们就谢那位老先生吧。他是特意为你们提早下车的。"

他和母亲不解其意，于是司机又解释道："那位老先生本想去更远的地方，但是看到你们后就说：'我在这里下车，让那两位乘客上车吧。这么早拿着行李站在路边，一定是去机场乘飞机的。如果是这样，肯定有时间限制。我反正没什么急事，我在这里下车，等下一辆出租车。'所以你们要谢就谢那位老先生。"

他很吃惊，恳请司机绕道去找那位老先生。当车经过老先生身边时，他从车窗大声向那位悠然地站在路边的老先生道谢。老人微笑着说："祝你们旅途愉快。"

后来他在给我的信中这样写道："我对他人的体谅与那位老先生相比程度完全不同。我即使体谅他人，自己在心里也会想：能做到这点就不错了……自己随意决定体谅他人的限度，我对自己感到羞耻。我现在真想成为像那位老先生一样的人，成为那种不经意之中就流露出对他人深深体谅的人。"

是啊，每个人都不是一座孤岛，我们需要他人的爱心，他人也需要我们的帮助。倘若都只顾着自己，世界就会越来越冷酷无情。相反，如果大家都能互相体谅，把体谅当成自然，那么，世界会变得令人留恋。大家都有一颗心，都能感知到阳光，都能反射阳光的恩泽，如此，给予和感知的阳光将随时照亮你的生活。

人生需要一颗宽容体谅之心

只有宽容地看待人生和体谅他人时，我们才可以获取一个轻松、自在的人生，才能生活在欢乐与友爱之中。

我家门口有一个非常大的市场。市场的入口处有一位修鞋师傅，他大概50多岁的样子，一般他收摊的时间都很早，天气不好的时候更是早早地收了摊子回家。后来我再去的时候发现又多了一个修鞋的，年纪和他差不多，脸上也是长满了皱纹和黑斑，只是多了一双拐杖，是个残疾人。

此后情况就不同了，那第一个修鞋师傅再也不早走了，无论刮风下雨，他都会坚持到底。两个人的竞争拉开了序幕，因为都想占第一个位置，所以两人越来越早。第一个人想，多挣几块钱可以给媳妇买支廉价的口红。独身了一辈子，50多岁了才娶上个媳妇，得好好疼爱，可是怎么就又冒出这么个瘸子来？要不自己的小买卖多滋润，想早点收摊就早点收摊，想晚点收摊就晚点收摊，现在不行了，他得起五更了。还好媳妇知道疼他，老是给他做热乎乎的饭菜，他也知足了。第二个的情况与他类似，只是媳妇不知道疼人，每天就知道擦脂抹粉，还老嫌他挣钱少，所以他必须争取占第一个位置。为了占到第一个位置，他甚至凌晨三点就起床。这么做也是为了讨女人的欢心，谁让自个儿有点残疾呢。

两个人的竞争是暗暗的，他们从来不说话，谁来得早就占第一个位置，另一个人绝不吭气，在旁边支开摊子就回家睡觉去了。第二天那个人会来得更早，如此反复折腾，两个人毫无懈怠的意思。旁人看了都说两个修鞋的穷折腾什么，然而两个人谁都没有先打退堂鼓，到后来竞争简直到了白热化的程度。特别是冬天，一个人为了能占上位置，竟然搬上铺盖露天睡觉，那可是三九天啊，他们你一天我两天地替换着睡，白天再继续干活，由于冻了一宿，他们白天的脸色特别难看，手冻裂了也顾不上。被风刮起来时，街上几乎没有人了，可是他们从来没有早走过，风雪中他们像两座雕塑。路过的人都说："师傅快回家吧，这是什么天气啊，回去和老婆孩子待会儿吧。"但他们谁也没有动摇的意思。

　　这种竞争几乎持续了一年。有一次，那个瘸子好几天没来，另一个人想，他莫非病了？他想打听一下，可又怕人家说他猫哭耗子假慈悲，怎么这人不来他心里倒没着没落了？他想自己可真贱，睡了好几天好觉就觉得不自在了。后来的一天，他正低头修鞋，听见对面摆杂货摊的老太太说："你说那个瘸子多可怜，没想到脑溢血这么几天人就死了。媳妇更够呛，丈夫尸骨未寒就跑了。"他一下子呆住了，修鞋的手停了下来，那个顾客说："你怎么停下来了？"他的眼泪突然就下来了，他不明白自己为什么哭，他死了吗？他怎么会死呢？那个顾客问他怎么了，他吸着鼻子说："冻的。"

　　他再也不用早起了，又恢复了往日的清闲。按理说他应该高兴，挣的钱也比原先多了，可他忽然觉得自己从前特傻，他怎么会在三九天待在外边？就为了多挣几个钱，钱真不是个东西。想想过去，他真后悔啊，毕竟那人是个瘸子啊，他怎么这么自私呢？现在完了，想看也看不见了，他竟然没有和他说过一句话，竟然不知道他姓什么，这是怎么回事啊？

　　他终于想通了。人生无非是吃喝拉撒睡，那么较真有什么用？人与人相遇就是缘分，他觉得自个儿有点对不住那瘸子，清明的时候他买了一些烧纸，在路边烧了。别人问他给谁烧的，他说："朋友。"

后来又来了一个修鞋的，比他年轻，总是抢第一个位置。他总是笑着让给他，而且和他有说有笑的。不久，两个人成了不错的朋友，带了什么好吃的两个人一起吃，天气不好的时候，两个人就早早地收拾摊子，去旁边的小酒馆中喝一杯。他想，这才是人生，轻松，自在，有朋友，有女人，有儿子叫爹（虽然那儿子不是亲生的），有酒、有欢乐。这才是他想要的人生。

当我们的内心紧张、僵持、偏执时，环境与他人都似乎在与我们为敌，生活如在刀锋上行走；当我们改变心态，宽容地看待人生和体谅他人时，我们才可以获取一个轻松、自在的人生，才能生活在欢乐与友爱之中。改变心态就是改变生活。

成功者必须有一颗感恩的心

没有人——永远也不会有人能独自取得成功。成功者必须有一颗感恩的心，时时想着别人的付出，才能与周围的人互相关爱，和谐相处。

早在 15 世纪，纽伦堡附近的一个小村子里住着一户人家，家里有18 个孩子，18 个孩子！光是为了糊口，一家之主、当金匠的父亲几乎每天都要干上 18 个小时——或者在他的作坊干活，或者替他的邻居打零工。

尽管家境如此困苦，但丢勒家年长的两兄弟都梦想当艺术家。不过他们很清楚，父亲在经济上绝无能力把他们中的任何一人送到纽伦堡的学院去学习。

经过夜间床头无数次的私议之后，他们最后议定掷硬币——失败者要到附近下矿四年，用他的收入供给到纽伦堡上学的兄弟；而胜者则在纽伦堡就学四年，然后用他出卖作品的收入支持他的兄弟上学，如果必要的话，也得下矿挣钱。

在一个星期天做完礼拜后，他们掷了钱币。阿尔勃累喜特·丢勒赢了，他离家到纽伦堡上学，而艾伯特则下到危险的矿井干活挣钱，以便在今后四年资助他的兄弟。阿尔勃累喜特在学院很快引起人们的关注，他的铜版画、木刻、油画远远超过了他的教授的成就。到毕业的时候，他的收入已经相当可观。

当年轻的画家回到他的村子时，全家人在他们的草坪上祝贺他衣锦还乡。音乐和笑语伴随着这顿长长的值得纪念的会餐。吃完饭，阿尔勃累喜特从桌首荣誉席上起身向他亲爱的兄弟敬酒，因为他多年来的牺牲使阿尔勃累喜特得以实现自己的志向。"现在，艾伯特，我受到祝福的兄弟，应该倒过来了。你可以去纽伦堡实现你的梦想，而我应该照顾你。"阿尔勃累喜特以这句话结束他的祝酒词。

大家都把期盼的目光转向餐桌的远端，艾伯特坐在那里，他连连摇着低下去的头，不断重复："不……不……不……"

最后，艾伯特起身擦干脸上的泪水，低头瞥了瞥长桌前那些他挚爱的面孔，把手举到额前，柔声地说："不，兄弟。我不能去纽伦堡了。这对我来说已经太迟了。看……看一看四年来的矿工生活使我的手发生了多大的变化！每根指骨都至少遭到一次骨折，而且近来我的右手被关节炎折磨得甚至不能握住酒杯来回敬你的祝词，更不要说用笔、用画刷在羊皮纸或者画布上画出精致的线条。不，兄弟……对我来讲这太迟了。"

450年过去了。几百幅阿尔勃累喜特·丢勒的著名的肖像画、钢笔和铅笔素描、水彩画、木炭画、木刻以及铜版画悬挂在全世界每一个国家的大博物馆。但是很可能，你，同大多数人一样，熟知的只是阿尔勃累喜特·丢勒作品中的一件，其他更多的作品你可能只有一个复制品挂在家里或者办公室里。

有一天，为了报答艾伯特所作的牺牲，阿尔勃累喜特·丢勒用心画下了他兄弟那双饱经磨难的手，细细的手指伸向天空。他把这幅动人心弦的画简单地命名为《手》，但是整个世界就立即被他的杰作折服，把他那幅爱的供品重新命名为《祈求的手》。

显然，没有阿尔勃累喜特·丢勒弟弟的付出与牺牲，就不会有阿尔勃累喜特·丢勒的成功。下一次，当你看见这幅动人的作品时，请多花一秒钟看一看。他会提醒你，没有人——永远也不会有人能独自取得成功。

　　社会是人与人组成的联结体，一个人的成就离不开其他人——直接或者间接的创造条件。人与人是相携而走，相伴成长的。因此，当我们领取奖杯时，要知道奖杯并不属于你一个人。成功者必须有一颗感恩的心，时时想着别人的付出，才能与周围的人互相关爱，和谐相处。

童心的宽容与爱

童心直出于胸臆，没有任何矫饰，没有爱恨的绝对观念，藏着天性的宽容，需多多呵护。

爱莎越来越不喜欢奶奶了。因为自爷爷死后，奶奶就变得怪怪的，总是穿着黑色的衣服，蜷缩在北面一个阴暗的小房间里。有时候，爱莎嬉笑着跑入奶奶房间，奶奶会不满地瞪她一眼，像是爱莎搅了她的清净。后来，奶奶就病了，奶奶的身上总是有一股浓烈的腐臭味，爱莎更不愿意去看奶奶了。

一天，爸爸抱了一盆花，叫爱莎送到奶奶房中。爱莎不解地问："为什么呀，奶奶喜欢花吗？"爸爸说："奶奶房间没有阳光，而这花上有阳光，奶奶看到阳光，就会开心，病就好了。"

爱莎把花放到奶奶床头，奶奶闻着花香，果然转过头，朝爱莎笑了笑。爱莎很久没看到奶奶笑了，想：奶奶真的是需要阳光啊。于是她又跑到院子里，搬弄一些花草上来。等院子里的盆栽搬得差不多了，她就非常发愁：怎么办呢？猛然间，她低头发现裙角上有一缕阳光，她想：我可以把阳光包住，送到奶奶房间。于是她在阳光中曝晒着，晒得裙角上那片阳光大了些，便小心翼翼地包裹着，直奔奶奶房中。

"奶奶，奶奶，我给你带来了阳光。"爱莎叫着，把裙角慢慢展开，可是，半点阳光也没有。爱莎急得哭了。

"孩子，阳光从你的双眼里照出来了，"奶奶伸出虚弱的手，拉着小爱莎说，"它们在你金色的头发里闪耀。有你在我身边，我不需要阳光了。"

爱莎不懂为什么她的眼睛里可以照出阳光。但她很愿意让奶奶高兴。每个有阳光的日子，她都在花园里长时间站着。然后，她跑到奶奶的房子里，用她的眼睛和头发，给奶奶带去阳光……

奶奶的身体居然也日渐好转。

宽容的本性是爱，是最自然的最简单的最善良的最真挚的爱的流露。有这样一颗心，便能自觉去包容人与人的差异，包容来自他人的伤害。

爱莎同所有孩子一样本能地不喜欢不苟言笑、身上有臭味的奶奶，但是不喜欢并没有成为绝对的情感上的摈弃，待知道奶奶喜欢阳光时，还是以自己天真的方式给奶奶的心田泼洒上爱的光辉。

童心直出于胸臆，没有任何矫饰，没有爱恨的绝对观念，藏着天性的宽容，须多多呵护。

向清代人学习

远在清代的人就知道给流浪汉做个屋檐，这种关爱他人、帮扶弱者的情怀在今天实在需要大力提倡。

在一处古村游览风景区，一帮游客正在兴致勃勃地参观清代江南某五品官遗下的豪宅。古宅形体庞大、精巧别致，给人极大的新鲜感。站在古宅前，游客们心里都纳闷：这宅子的屋檐也真怪，怎么做成一个小巧的屋子？导游小姐站在屋檐下，给游客们卖了个关子。她指着屋檐下那间小巧的屋子，学着某电视节目的语气问道："大家知道这间小屋子是干什么用的吗？"经这样一吊胃口，大伙的兴趣就来了，纷纷抢答。

有人说："放鞋子用的。人进屋后，把鞋子脱了搁在这里。"

有人说："关鸡的。"

导游小姐抿嘴一笑，无奈地摇摇头，告诉大家："都没猜对。这是供路过此地的流浪汉遮风挡雨、歇脚过夜的。"游客哑然。

现在有多少人还会把在街上行乞、流浪的人的悲苦放在心上？随着生活节奏越来越快，我们的同情心渐渐被挤进一处孤独的暗角，我们的悲悯情怀也正 点点丢失。人们已难以想像专为流浪汉做一个能挡风遮雨的屋檐；在心灵里，也缺乏给社会上的弱者留一个充盈同情与关爱的屋檐。然而，远在清代的人就知道给流浪汉做个屋檐，这种关爱他人、帮扶弱者的情怀在今天实在需要大力提倡。

有能力做屋檐的人，在自己有生之年多做几处吧！没能力，那就在细微处多行善事，心怀天下，悲悯苍生。

对"别人"要像对自己的孩子一样

让我们再多一份关爱，多一份体谅，多一份宽容，生活的航船才能承载不幸的侵袭。

这是一个来自越战归来的士兵的故事。他从旧金山打电话给他的父母，告诉他们："爸妈，我回来了，可是我有个愿望。我想带一个朋友同我一起回家。""当然好啊！"他们回答，"我们会很高兴见到的。"

不过儿子又继续下去："可是有件事我想先告诉你们，他在越战里受了重伤，少了一条胳臂和一只脚，他现在走投无路，我想请他回来和我们一起生活。"

"儿子，我很遗憾，不过或许我们可以帮他找个安身之处。"父亲又接着说，"儿子，你不知道自己在说些什么。像他这样残障的人会对我们的生活造成很大的负担。我们还有自己的生活要过，不能就让他这样破坏了。我建议你先回家，然后忘了他，他会找到自己的一片天空的。"

就在此时，儿子挂上了电话，他的父母再也没有他的消息了。

几天后，这对父母接到了来自旧金山警局的电话，告诉他们亲爱的儿子已经坠楼身亡了。警方相信这只是单纯的自杀案件。于是这对父母伤心欲绝地飞往旧金山，并在警方带领之下到停尸间去辨认他们儿子的遗体。

那的确是他们的儿子，没错，但令他们惊讶的是：儿子居然只有一条胳臂和一条腿。

　　故事中的儿子是聪明的，他以这种方式探明了父母对待像自己这样的残疾人的真实态度和想法。在如何对待严重残疾的儿子的事情上，没有对他人的深深体谅与关爱，只靠亲情的力量，是远远不够的，因此聪明脆弱的孩子绝望了。让我们再多一份关爱，多一份体谅，多一份宽容，生活的航船才能承载不幸的侵袭。

体会父辈的爱与宽容

父母深藏着宽容的爱，是不带任何功利的情感，也是值得我们终身感激的情感！

父母对孩子总有一种天然的爱，这种爱常常能抵挡儿女的忽视与伤害，而只是一味地付出博大的爱心，那是一种深藏着宽容的爱，是人类最珍贵的情感，身为儿女必须好好珍惜。下面这个故事，令我们深思。

从海利记事开始，每天吃过晚饭，在乐团工作的父亲就会拿起那把金色的小提琴，拉一曲悠扬的《爱的女神》。这时，母亲总会用浸了栀子花和薄荷叶的水洗她那一头漂亮的栗色长发，然后抱着海利，轻轻地和着父亲的节奏唱歌……

海利7岁那年，母亲因为肺病永远地离开了他们。父亲好像在一夜之间变成了另一个人，他那双深邃的蓝眼睛充满了忧郁的神色。好几次夜深人静的时候，海利还能看见父亲在房间里默默地擦拭着那把金色的小提琴，一遍又一遍。

不久，父亲所在的乐团因为资金周转不灵而解散了，一家人的生活开始变得窘迫不堪。

日子一天天过去，海利也长大了。海利18岁那年，考取了剑桥大学。在一次舞会上，他结识了一个漂亮的女朋友——蒂娜，她的父亲是伦敦一家大公司的董事长。当他告诉她，他母亲的曾外祖母是欧洲王室的公主时，蒂娜的眼睛里立刻闪烁出兴奋的神色，她马上和他谈论书中读到的王冠、钻石、宴会和爱情，说那是她向往的一切。说不清是虚荣还是自卑，海利没有继续给她讲自己现在的家庭，讲那个破旧的小院和父亲那有点儿驼的背。

海利把自己有女朋友的事情告诉了父亲，他说恋爱的开销很大，所以他不得不打好几份工。父亲很快来信了，他说他最近已提升主管，加了薪水，以后可以给海利寄更多的生活费，要海利不要太苛刻自己。

暑假到了，海利随蒂娜到她在伦敦的家。金碧辉煌的别墅让海利有种眩晕的感觉。当蒂娜高兴地向父母介绍海利是贵族的后代时，蒂娜父亲的眼中露出怀疑的眼神，他说："相信你的家庭也能为我女儿提供幽雅而舒适的生活环境。也许明天晚上我们可以和你父亲一起进餐。"海利的心沉下来，他想起了母亲曾说过的话："你爸爸当初就是爱上了我的一头长发。而我，就是爱上了他拉小提琴的样子。"

失落之中，海利忽然想起那把产自意大利的金色小提琴，那是当年母亲舍弃繁华的上流社会而追随父亲时唯一的嫁妆。应该是一件价值不菲的古董，海利激动起来，如果卖了它，说不定有一大笔钱可以让他成为上流社会的一员。

等父亲上班后，海利从父亲的卧室里找出小提琴，来到古董行请人鉴定。"哦！天哪！"哈里森先生激动地说，"它产自300多年前意大利的克利蒙那！这把小提琴价值连城。"

忐忑不安的海利知道父亲这一天并不好过。"爸爸，蒂娜的家族是不会接受平民子弟的，而且，您也好久没有用过它了……"父亲脸抽动了一下，他沉默了好久，说："你准备什么时候卖掉它？"

"明天下午！哈里森先生会亲自来我们家取它，支票已经开给我了，足够我们买一栋新房子……"

海利忽然很害怕蒂娜全家知道自己的父亲只是个普通职员，他含糊地说："那没什么了。今天晚上他们家要在一家酒店举行宴会，希望……希望我能去。"父亲没有再说什么，他转身走进了房间。望着父亲孤单的身影，海利的心中涌出了一股苦涩的滋味。

蒂娜家真的很阔绰，他们包下了整个酒店，十分隆重。当西装革履的海利和身穿银色晚礼服的蒂娜走入会场的时候，人们都用羡慕的眼神看着这一对金童玉女，不时有人窃窃私语："他们真般配，听说蒂娜的未婚夫也是富家子弟呢！"

灯光暗淡下来，华丽的舞池中央只剩下了海利和蒂娜。在悠扬的小提琴声中，他们翩翩起舞。一曲舞毕，司仪向大家介绍道："刚才为我们拉这一曲的是敏斯特老先生，他在我们酒店工作了四年，每天晚上都会为我们带来美好的享受。遗憾的是，明天他就要离开了，今晚是他的最后一次演奏。下面他将为我们演奏动人的《爱的女神》。"

灯光渐渐明亮起来，一位清瘦的老人向四周鞠了一躬，然后拿起一把金色的小提琴开始深情地表演。是父亲！海利的泪水几乎在一瞬间汹涌而出。他忽然明白了一切，父亲为供他上大学，白天拼命工作，晚上还要来这里演奏，他那双坚韧的臂膀就是这样累垮的啊！

海利拨开拥挤的人群，向父亲走去。老人含着眼泪望着儿子，手里还紧紧握着那把金色的小提琴。在众人诧异的目光中，海利骄傲地挽起了父亲，大声说："这就是我的父亲。这么多年，他安慰我说他在公司里提升了，其实他一直都在这里用这把小提琴为我提供学费，而我还毫不知情。我不是富家子弟，但我的父亲却让我知道了什么叫富有。那是不带任何功利的情感，也是值得我终身感激的情感！"

说完，他挽着年迈的父亲，背上那把金色的小提琴，昂首走出了酒店的大门。"爸爸，"海利无限感激地对父亲说，"这把金色小提琴，我会永远替您保存！"

宽容需要尊重差异

学会宽容，意味着学会尊重差异。

每个人都有自己的生活习惯和方式，不能因为我选择了我的生活方式而否定你的生活方式，也不能因为你热衷于自己的生活方式而横加干涉我的生活。尊重差异，并且善于在差异中发现人心中的善意，便可以在两个禀性迥异的人之间架起沟通的桥梁。相信下面这个故事会让你的内心深有感触和深受感动。

我和塞尔玛是通过一个学姐认识的。当时我刚到法国，一下飞机，学姐就把我接到了塞尔玛家里。

当时塞尔玛正坐在旧式法兰绒沙发上晒太阳，看到我们便很亲切地过来拿行李，微笑着对我说欢迎。然后带我上楼看房间，告诉我她几个儿女都不在身边，说要我把这当成家。我感动得差点儿热泪盈眶。

可是一个星期后我就想搬走了，因为我实在无法忍受塞尔玛的独断和自私。她把家里的电话用一个大盒子锁起来，限制我每天洗澡不得超过五分钟，更有甚者是她还限制我炒菜，理由仅仅是因为她不喜欢油烟。我只能跟着她吃土豆土豆还是土豆。而且可能因为寂寞，她居然在家里养了三只猫，两只狗。尽管我极力收拾，但还是满屋子的猫屎狗粪。

我气愤极了，但还是没有搬出去。相比 8 欧元一斤的番茄和 15 欧元一斤的苹果，一个月的房租 40 法郎，打着灯笼也找不到这么好的事了。

人在屋檐下，不得不低头，我每天都这样安慰自己。可是事态并没有像我期待的那样走向平和。每天晚上我打工到 12 点才能回来，她又多了一条禁令：不许我开灯。当我那天晚上一脚踏上一坨猫屎时，我发出了一声尖叫。接着穿着睡裙的塞尔玛便从卧室里冲出来，大声指责我影响了她休息。

我委屈极了，翻来覆去都睡不着。可是第二天一大早，她就开始用她那个破破烂烂的录音机放迪斯科。

一个星期六，我向塞尔玛借了她小儿子那台旧电脑，却发现显卡有问题，于是我特意叫了一些学计算机的同胞来帮我修，可是塞尔玛一直站在门边，不肯出去。

晚上我跟塞尔玛说，我要打电话。她却突然对我说，他们有没有换走我电脑里的硬件？

我呆了，她竟然这样不相信我。所有的委屈一下子爆发了，我对着她大叫："塞尔玛，中国人绝对不会做这种事！"然后我在给妈妈的电话里号啕大哭，泪如雨下。塞尔玛一直看着我，然后递给我一块毛巾，我看都不看她。

她叫我，跟我说对不起，她说她误会了，中国人很优秀。我看着她撅着嘴，像个做错事的小孩。我止住了哭，但我还是拒绝了她的拥抱。我说，请叫我乔安娜。因为我实在不忍心听到她用我的母语把我的名字叫成愚小猪，然后我破涕为笑。

那个晚上，塞尔玛破天荒让我下了厨房。她尝了我煮的面之后，赞不绝口。她说以后准许我下厨房，可以开灯。她的笑让我如沐春风，以为今后的日子可以和平相处了。

可是第二天，我在浴室里多呆了一会儿，她又来敲门。

我郁闷极了，一个人跑出去。附近的圣坦尼斯拉广场天空蔚蓝，一切都保留着中世纪的风格。教堂里做弥撒时悠远的钟声，天空飞过的鸟群，带给人无与伦比的宁静。

可就在我回家的时候，被飞驰而过的摩托车撞倒了。我的腿疼极了，我挣扎着爬起来，却惊慌失措，下意识地拨通了塞尔玛的电话。有那么一瞬间，脑子里闪过一个念头——我想她也许不会理我。可是不一会儿，我就看到了塞尔玛急忙赶来的身影。

羞愧于自己的自私和小心眼儿，躺在病床上的我难受极了。虽然只是骨折，可是我没有办医疗保险，这在法国是要付一笔极其昂贵的医药费的。坐在旁边的学姐一直在安慰我，说医药费没关系，大家会想办法的。

我问她，塞尔玛呢？

她摇摇头，笑着问我，你不是不喜欢她吗？

可是关键时候，还是她把我送到医院的呀。

出院手续是学姐给我办的。我正不知道该如何报答时，她却说要带我去广场见一个人。春光明媚的圣坦尼斯拉，阳光正好，生命正好。我突然看见空旷的广场那一边，塞尔玛穿着鲜红色的衣服在跳舞。她的身后是那个破破烂烂的录音机，而她的面前，是一沓零钞和一张纸牌，纸牌上赫然几个大字：帮帮我的中国女儿。

霎时，我的灵魂被击中了。学姐轻轻地告诉我，出院手续其实是塞尔玛帮我办的。她一直严厉地要求她身边的孩子，而正是由于她严厉的教育和生活上的一丝不苟，她的三个孩子中一个已经是巴黎市的高级法官，另外两个都是议员，深受市民爱戴。

难怪她只要我那么低的房租，难怪她要我把这儿当家，难怪她会在关键时刻为我筹钱，原来她一直是以法兰西的习惯来要求我，原来她真的是把我当成了自己的亲生女儿来对待。

塞尔玛，我朝她飞奔过去。我要和她来一个深深的拥抱。

打工者的气度

其实，痛苦与平和，常在于我们对生活的态度，是挑剔、刻薄，还是宽容、豁达。

有些人生活贫困、艰辛，却保持着对生活的豁达，他们心存爱心，体谅他人，而有些生活相对优越的人却怨天尤人，觉得整个世界都在与他为敌。前些天的一次经历，让我感触颇多。

那天傍晚，拎着三大袋从百佳买的食品，出了地铁站才发觉外面在下雨，而我又没带伞，冒雨走到百米以外的公交车站，眼睁睁地看着有两部车进站，可人太多，挤不上车。到了第三辆，我心一横：挤吧！于是跟着"大部队"我被涌进了水泄不通的公交车后门。

拥挤不堪的车内找不到立脚的地方，我感觉自己是被架在空中，淋湿了的头发紧贴着脸在往下淌水，左手提着的东西被挤在前面，右手的东西则被隔在身后老远的地方，手指头被勒得生疼却又动弹不得。窗外的天黑了，心情也沮丧透了。车行了一站，阿弥陀佛有人下车，一番爆挤后，有两个人下了车，而我的两袋东西也终于回到我的身边。转身的工夫发现坐在车门边位置的小姐的脚边有一片空地，征得她同意后我千恩万谢地把东西放在她的脚边，看得出她有些不高兴，但也没说什么。

又过了一站，下车的人不多，却呼啦啦又上来了四五个人，其中一个打工仔模样的小伙子手里提着个小型塑料工具箱，一上车就很麻利地把东西往那位小姐的脚边一放（他可能经常选此处放东西），当他看到我那塑料袋里的东西快要掉出来时还顺手帮着系了个结。坐着的那位小姐斜了他一眼，极不耐烦地说："还放啊，还让不让人坐了？！""小姐，别生气，你看大家都挤得动不了身了，将就点儿好吗？"小姐用脚把他的工具箱往旁边踢了踢，扭头朝着窗外，不再说什么。而那位小伙子则与同行的另外两个人用家乡话开心地聊着，其中一位说："广州的车什么时候才能不这么挤呀？""什么时候？我们都回老家的时候！""咳，不过也是。"几个人一路开心地聊着、不停地笑着。

车厢里依旧很挤，窗外的雨还在下个不停，可我的心绪却不那么烦了。我在想：为什么那位小姐安安稳稳地坐着，冷眼审视着身边的每一个人，竟心存敌意？而那位打工仔，被挤得难以立足，可困境中还不忘给人帮助？

其实，痛苦与平和，常在于我们对生活的态度，是挑剔、刻薄，还是宽容、豁达。

擦皮鞋的女人

人是要相携着走路的，无论是谁，都是兄弟姐妹。

早晨，我在一家小店吃早点。一位擦皮鞋的女人立即盯了上来，我看着鞋子，把脚伸了过去。

这是一个四十来岁的乡下女人，我一边喝着牛奶咬着馒头，一边唬着脸看着她蹲在地上来回抽动那粗糙多皱的手。

这时，一个令人作呕的老头走了过来，我的目光一接触，立即往回缩，那是一个脚上、手上、脸上都长了癞疮还跛了一只脚的叫花子。他分明已经站到了我的面前，也分明向我伸出了手。但我脸都不敢抬，甚至屏住了呼吸，我不是舍不得几角零钱，而是不敢看他，我感到眼前的馒头和牛奶都变了味，我实在咽不下了。好在小店的老板赶紧找出几张零票，让他离开我和其他吃早点的人。

这人接了钱，很感激老板，然后又举起手里一个矿泉水瓶子，问老板能不能给点水喝？老板随意摆了摆头，示意他自己弄。那老头四处看看，好像有点茫然。这些都是我用眼角的余光看到的，我还知道茶桶在哪儿。我只是担心，让他这只手摸过了茶桶的龙头，叫别人还怎么去喝茶？这时，擦皮鞋的女人擦亮了我的皮鞋，站了起来。她擦了一把头上的汗，没有等我给钱，而是转身走向那老头，手伸向他手中的瓶子："来吧，我给你打水。"

我的心强烈地动了一下，停住了掏钱的手，看着她。只见她从老头手里抓过瓶子，拧开瓶盖，把里边残留的水甩了出来，然后从茶桶的龙头下接了一瓶水，再盖上盖子，还用手把瓶子上的污垢仔细擦了擦，把瓶子递给那脏兮兮的一身癞疮的老头，又叮嘱了一句："走好啊！"

　　做完这一切她才回到我身边来提她的篮子并取钱。当我把一块钱递给她时，仔细地打量她。她不理会我的目光，又招揽她的生意去了。

　　我走出小店，早晨的阳光正好，低头看看鞋子，很亮。我仿佛感到，这个女人，像阳光，把我心里的某一个角落也擦亮了。

　　如今社会分阶层，心灵竟也分等级。在一些人的心中，乞丐等弱势群体完全被排斥在他们的世界之外，他们把那扇情感交流之门关闭得紧紧的，还美其名曰：怕他们脏。然而事实是这些人已经丧失了一种叫做同情、悲悯的感情。人越来越实际，越来越势利，心灵越来越干涸，越来越死寂……

　　幸好还有一些人，特别是如擦皮鞋女人一样的底层人，他们或许没有多少文化，然而他们的心灵没有被割得一道一道，他们明白最朴素的道理：人是要相携着走路的，无论是谁，都是兄弟姐妹。因为有他们，这社会才不至于成为荒漠。

惯犯也有体谅之心

有时候，当你宽容时，你就在挽救一个人，当你拒绝宽容，你就在毁灭一个人。

关仔出狱才几个月，今天又被警察当场捉住。不过这次警察无法毫不迟疑地把他移送法办，虽然这个警察正急需一个倒霉鬼来交差，但他内心却充满矛盾，不知如何是好。

在警察管区里，出现了一个精神病人，半年来，他每天站在马路边上指手画脚，口沫飞扬地讲个不停；有时他拉住行人不放，给警察制造了不少麻烦，但却对他无可奈何。警察非常抱怨，像这样拥有百万人口的大都市，至少也应该有个收容这家伙的地方才对。

傍晚，警察骑着单车经过大业公司旁的空地时，看见有个可怜的家伙正躺在草地上睡觉。在朦胧的街灯下，警察仿佛看到有什么东西在他身边蠕动。警察停下了车躲在路边的芒果树下察看，原来是一个人，正在脱那家伙的夹克。那个人就是关仔。当他手提夹克跨上马路时，警察赶上去，人赃并获，将他捉住。他仔细看着警察，真是冤家路窄。无话可说，只有俯首就擒。

警察用手铐把他的左手锁在车把上，然后推车往派出所走去。突然，一个百思不解的疑问浮上心头。警察问他："你要偷哪里不好偷，为什么要偷一个精神病！"

"我当然有理由，不过，你会相信吗？"关仔回答。

"你说说看。"警察想不出为什么要偷一件脏臭的夹克。

"好吧，信不信由你！说老实话，出狱以后我就决心洗手不干了，我已经有了足够花的钱，那是我坐牢换来的。再者，我已经老了，不论哪一行，一个人总得有退休的时候吧！我每天早晨沿着这条路跑几公里以保持我的健康。那天早晨，我就给这家伙拉住了，两个月前，你记得寒流来那几天吧，我穿了厚厚的夹克出门还冷得发抖，而这个可怜的家伙，却只穿了一件破汗衫。虽然他精神抖擞，口冒热气，但我知道他随时都有倒在马路上的可能，所以我脱下我的夹克给他穿上。他全身只剩下皮包骨，手无缚鸡之力，当然拗不过我。穿好以后，我把他推开，跑步回家。警员先生，我的话，你相信吗？"

"现在你是想把你的夹克收回来，对吗？"警察说。

"有精神病我才会这样想！"

"那你为什么呢？这夹克现在是属于他的呀！"

"我当然知道，可是你晓得，现在已经四月中旬了，南台湾的气温，中午已经接近 30 摄氏度，他仍然穿着那件里面衬了毛的夹克，难道要他热死不成？"

对于累犯的供词，警察一向存疑，这次却是例外。

对于曾经犯过错误的人，人们习惯性地认定他永远不会变好，就像在他们身上盖了个图章，那印记永远擦拭不去。于是误会，甚至致命的错误都会发生，并且往往使那些曾经犯过错误的人自暴自弃，甘于沉沦。

事实上，大家都清楚，人不可能一成不变，曾经有错不代表将来有错。宽容是一只温暖的手，它把爱的种子传递给那些失足的心灵，让那些心灵获得新生。所以，有时候，当你宽容时，你就在挽救一个人，当你拒绝宽容，你就在毁灭一个人。

学
会
宽
容

learn to be tolerance

对上司也要心存宽容

生活中有很多秘密，个中艰辛只有当事人知道，体谅他人，也就是体谅这个并不算容易的人生。

刚工作了一年的丽告诉我她的情况，她成熟了，因为生活教育了她，使她有了更多的宽容体谅。

大学毕业，丽分到一家杂志社做编辑，丽告诉我，她的顶头上司是个离了婚而又处于更年期的老女人，脾气暴躁且神经质，大家背地里都叫她老猫。丽说：

老猫的存在让我这个社会新鲜人的生活很不爽。我的艺术院校的那种张扬个性和自由散漫的作风使老猫对我格外地挑剔，似乎从我到单位报到第一天开始，老猫就瞄上了我。本来单位是不要求编辑坐班的，但她要求我天天来，理由是我刚刚从大学毕业，必须加强对我岗位意识的培养。于是我不得不克服在大学里养成的晚上不睡早上不起的坏毛病，每天早上痛苦不堪地倒三趟车穿越大半个城市赶到单位，偶尔因为堵车迟到一两分钟，我就得像耗子一样胆战心惊地从她办公室门口溜过去，运气不好的时候就只能束手就擒。

从第二个月开始，我被派去负责收发杂志社每天的稿件。那么多的稿件分发、登记占用了我全部的时间，我的工作和我所学的专业一点儿靠不上边。我从大学中文系毕业难道就是来给这儿打杂的？练就的华丽文才就是为了给那些人写什么"感谢""支持""欢迎下次来稿"之类的退稿信？我愤怒极了。

一个周五的下午，我意外地从如山的稿件里发现邮局退回的一张明信片，是寄到近郊的一个福利智障学校的。

明信片上写着——

杨老师：

谢谢您对小名的照顾，他也总念叨您！祝您教师节好！

小名的妈妈

小名的妈妈？！

明信片是退给老猫的！我的心里一激灵。

一直听说她儿子身体不好，我们以为就是一般的身体虚弱，原来是个弱智！

震惊之余，我幸灾乐祸起来，我想了想，决定把那张明信片和别的信一起放到会议室的桌子上，这意味着周一例会的时候大家都会恣意传阅老猫从未提及的隐私！

周日的下午，我陪朋友逛完商场，已经是傍晚了。

坐着朋友的车回家，车停在一个十字路口等红灯，无意中我一抬头，简直不能相信自己的眼睛，正从我坐的车前面经过的那个人居然是老猫！她吃力地拉着旁边那个健壮痴肥的男孩子，母子俩脚步蹒跚，都已经快变红灯了，他们还在马路中间！

绿灯通行，两边的车辆川流而过，老猫一面加快了步伐一面惊慌地左盼右顾，生怕有车撞到身边的孩子。而那个看上去有 20 岁的男孩子却在马路上痴笑不止，热闹的人来来往往，老猫却是那样的单薄和无助。

我惊讶得说不出话来，只是转头一路盯着他们的背影。

外面暮色苍茫，老猫的头发在风里凌乱地飞起，初秋的街头看上去如此的凄凉。

好容易，他们走到街对面的公共汽车站，挤在人群里，她踮起脚给比她还高很多的孩子理了理头发和衣领，脸上的表情是我从来没有见过的宁静，和办公室里歇斯底里的样子判若两人。

一个单身女人伺候这样的孩子，是怎样的艰难？我不敢想象！

眼看外面就要下雨了，我下了车，要朋友帮我把对面的那对母子送回家。坐在星巴克等朋友回来时，我的心始终不能平静，心底积郁的许多委屈被刚才的场景融化，鼻子酸酸的，不只是感动，说不清的情感像潮水一样在我的心中激荡。

我终于能够理解她的暴躁易怒——因为生活给予她的是如此逼仄的空间，因为命运已经把她挤压得实在没有力气去温文尔雅了。想起我自己设计的那个小小阴谋，我简直不寒而栗，我不知道，如果明天事情真的是像我所想的那样发生了，最后真正不能面对、不能承担的究竟是她还是我？

我真的是太年轻了，年轻得不知道生活的面目。这个世界上，有的不只是咖啡的香浓和音乐的柔情，总还有许多不为人知的秘密在人的心底深藏，会隐隐作痛却无法言说。而我竟是那样的残忍，偏要用手指去生生捅破别人的伤疮！

整整一夜，我几乎没有睡，好容易熬到天亮，打车跑到了单位。保安刚打开门，我第一个冲进会议室，那张明信片正静静地躺在桌上，我松了口气，迅速把它塞进了老猫的抽屉里。

那天早上开例会，在楼道里看见老猫，我的心里充满温柔、尊敬的心情。

我主动地微笑着迎上去说："老师好！"

那一刻，我看见了她眼睛里的诧异。擦身而过的时候，我感觉我把她的秘密还给了她，而她，也让我了解了生活里的另一些东西，比如宽容，比如爱……

在夜晚灯火通明的鸽子笼似的公寓后面，情态各异的人生都在上演。生活中除了鲜花和笑容，自然也有伤口与眼泪，在肃穆的妆容下面，谁又能猜透各自的生活真相？

因此，对于人们，我们应该尽可能地宽容，因为他们也许正在承担着生活的重荷，一个看不见的伤口正在咧嘴向着他们，而我们看不见。生活中有很多秘密，个中艰辛只有当事人知道，体谅他人，也就是体谅这个并不算容易的人生。

一次宽容的爱拯救了她

是宽容的爱守护了孩子的尊严，宽容会使人心向善，宽容会为孩子的人生发展留下一个美丽的空间。

没有任何人不想维护自己的尊严，特别是成长中的孩子，他们的心灵是稚嫩而脆弱的，尚未承受太多风雨的侵袭。而正因为幼稚，他们又是容易出错的，一闪念之间有时会造成甚至是非常严重的道德错误，怎样对待这种错误，往往决定着孩子一生的命运。一位老师讲述的故事打动过很多人，它让我们明白，是宽容的爱守护了孩子的尊严，宽容会使人心向善，宽容会为孩子的人生发展留下一个美丽的空间。对于犯错误的孩子，我们必须给他这样的机会——一心向善，走向光明的机会。

多年前的一天，这位教师正在家里睡午觉，突然，电话铃响了，她接过来一听，里面却传来一个陌生粗暴的声音："你家的小孩偷书，现在被我们抓住了，你快来啊！"从话筒里传来一个小女孩的哭闹声和旁人的呵斥声。

她回头望着正在看电视的唯一的女儿，心中立刻明白过来，肯定是有一位女孩因为偷书被售货员抓住了，而又不肯让家里人知道，所以，胡扯了一个电话号码，却碰巧打到这里。

她当然可以放下电话不理，甚至也可以斥责对方，因为这件事和她没任何关系。

但自己是老师，说不定她就是自己的学生呢？

通过电话，她隐约可以设想出，那个一念之差的小女孩一定非常惊慌害怕，正面临着也许是人生中最尴尬的境地。

犹豫了片刻之后，她问清了书店的地址，匆匆忙忙赶了过去。

正如她预料的那样，在书店里站着一位满脸泪痕的小女孩，而旁边的大人们，正恶狠狠地大声斥责着她。

她一下子冲上去，将那个可怜的小女孩搂在怀里，转身对旁边的售货员说："有什么事就跟我说吧，我是她妈妈，不要吓着孩子。"

在售货员不情愿的嘀咕声中，她交清了 28 元的罚款，才领着这个小女孩走出了书店，并看清楚了那张被泪水和恐惧弄得一塌糊涂的脸。

她笑了起来，将小女孩领到家中，好好清理了一下，什么都没有问，就让小女孩离开了。临走时，她还特意叮嘱道，如果你要看书，就到阿姨这里，我这里有好多书呢。

惊魂未定的小女孩深深地看了她一眼，便飞一般地跑掉了，从此再也没有出现。

时间如流水匆匆而过，不知不觉间，多少年的光阴一晃而过，她早已忘了这件事，依旧住在这里，过着平静安详的生活。

有一天中午，门外响起了一阵敲门声。她打开房门后，看到了一位年轻漂亮的陌生女孩，满脸的笑容，手里还拎着一大堆礼物。

"你找谁？"

她疑惑地问，但女孩却激动地说出一大堆话。

好不容易，她才从那陌生女孩的叙述中恍然明白，原来她就是当年那个偷书的小女孩，已经大学毕业，现在特意来看望自己。

女孩眼睛泛着泪光，轻声说道："虽然我至今都不明白，您为什么愿意充当我妈妈，解脱了我，但我总觉得，这么多年来，一直好想喊您一声妈妈。"

老师的眼睛也开始模糊起来，她有些好奇地问道："如果我不帮你，会发生怎样的结果呢？"女孩轻轻摇着头说："我说不清楚，也许就会去做傻事，甚至去死。"

老师的心中猛地一颤。

望着女孩脸上幸福的笑容，她也笑了。

宽容才能避免致命的误会

其实，我们有一剂消除误会的良方，那就是宽容。试想，倘若我们具备了宽容的能力和习惯，时时处处先替对方考虑一下，致命的误会将是可以避免的。

早年在美国阿拉斯加某个地方，有一对年轻人结婚了，但婚后太太因难产而死，留下一个孩子。小伙子忙生活，又忙于事业，因没有人帮忙看孩子，他就训练了一只狗，那狗聪明听话，能照顾小孩，咬着奶瓶喂奶给孩子喝，保护孩子。

有一天，主人出门去了，叫它照顾孩子。

他到了别的乡村，因遇大雪，当日不能回来。第二天才赶回家，狗立即闻声出来迎接主人。他把房门打开一看，到处是血，抬头一望，床上也是血，孩子不见了，狗在身边，满口也是血，主人发现这种情形，以为狗性发作，把孩子吃掉了，大怒之下，拿起刀向着狗头一劈，把狗杀死了。

之后，他忽然听到孩子的声音，又见孩子从床下爬了出来，于是抱起孩子；虽然孩子身上有血，但并未受伤。

他很奇怪，不知究竟是怎么一回事。再看看狗，腿上的肉没有了，旁边有一只死狼，口里还咬着狗的肉。狗救了小主人，却被主人误杀了，这真是天下最令人惊奇的误会。

误会的事，往往是人在不了解真相、无理智、无耐心、缺少思考、未能体谅对方、反省自己的情况之下发生。误会一开始，即一直只想到对方的千错万错，误会越陷越深，弄到不可收拾的地步。人对无知的动物小狗发生误会，尚且会有如此可怕的后果，人与人之间的误会，则其后果更是难以想象。

其实，我们有一剂消除误会的良方，那就是宽容。试想，倘若我们具备了宽容的能力和习惯，时时处处先替对方考虑一下，致命的误会将是可以避免的。

宽容是心与心的体谅

宽容是心与心的体谅，它能在瞬间搭建起沟通的桥梁；宽容是一种仁爱的光芒，它能融化无边的隔膜。

我 17 岁那年，好不容易找到一份临时工作。母亲喜忧参半：家里有了指望，但又为我的毛手毛脚操心。

工作对我们孤女寡母太重要了。我中学毕业后，正赶上大萧条，一个差事会有几十甚至上百的失业者争夺。多亏母亲为我的面试赶做了一身整洁的海军蓝色衣服，才得以被一家珠宝行录用。

在商店的一楼，我干得挺欢。第一周，我受到领班的称赞。第二周，我被破例调往楼上。

楼上珠宝部是商场的心脏，专营珍宝和高级饰物。整层楼排列着气派很大的展品橱窗，还有两个专供客人看购珠宝的小屋。

我的职责是管理商品，在经理室外帮忙和传接电话。要干得热情、敏捷，还要防盗。

圣诞节临近，工作日趋紧张、兴奋，我也忧虑起来。忙季过后我就得走，回复往昔可怕的奔波日子。然而幸运之神却来临了。一天下午，我听到经理对总管说："艾艾那个小管理员很不赖，我挺喜欢她那个灵活劲儿的。"

我竖起耳朵听到总管回答："是，这姑娘挺不错，我正有留下她的意思。"

这让我回家时蹦跳了一路。

翌日，我冒雨赶到店里。距圣诞节只剩下一周时间，全店人员都绷紧了神经。

我整理戒指时，瞥见那边柜台前站着一个男人。高个头，白皮肤，大约30岁。但他脸上的表情吓了我一跳，几乎就是这不幸年代的贫民缩影。一脸的悲伤、愤怒、惶惑，有如陷入了他人设下的陷阱。剪裁得体的法兰绒服装已是褴褛不堪，诉说着主人的遭遇。他用一种绝望的眼神盯着那些宝石。

我感到因为同情而涌起的悲伤。但我还牵挂着其他事，很快就把他忘了。

小屋打来要货电话，我进橱窗里取珠宝。当我急急地挪出来时，衣袖碰落了一个碟子，6枚精美绝伦的钻石戒指滚落到地上。

总管先生激动不安地匆匆赶来，但没有发火。他知道我这一天是在怎样卖力干活的，只是说："快捡起来，放回碟子。"

我弯着腰，几欲泪下地说："先生，小屋还有顾客等着呢。"

"我去那边，孩子。你快捡起来这些戒指！"

我用近乎狂乱的速度捡回5枚戒指，但怎么也找不到第6枚。我想它应该是滚落到橱窗的夹缝里，就跑过去细细搜寻。没有！我突然瞥见那个高个男子正向出口走去。顿时，我领悟到戒指在哪儿。碟子打翻的一瞬，他正在场！

当他的手就要触及门柄时，我叫道：

"对不起，先生。"

他转过身来。漫长的一分钟里，我们无言对视。我祈祷着，不管怎样，让我挽回我在商店里的未来吧。跌落戒指是很糟，但终会被忘却；

要是丢掉一枚，那简直不敢想象！而此刻，我若表现得急躁——即便我判断正确——也终会使我所有美好的希望化为泡影。"什么事？"他问。他的脸肌在抽搐。

我确信我的命运掌握在他手里。我能感觉得出他进店不是想偷什么。他也许想得到片刻温暖和感受一下美好的时辰。我深知什么是苦寻工作而又一无所获。我还能想像得出这个可怜人是以怎样的心情看这社会：一些人在购买奢侈品，而他一家老小却无以果腹。

"什么事？"他再次问道。猛地，我知道该怎样作答了。母亲说过，大多数人都是心地善良的。我不认为这个男人会伤害我。我望望窗外，此时大雾弥漫。

"这是我第一份工作。现在找个事儿做很难，是不是？"我说。

他长久地审视着我，渐渐地，一丝十分柔和的微笑浮现在他脸上。"是的，的确如此。"他回答，"但我能肯定，你在这里会干得不错。我可以为你祝福吗？"

他伸出手与我相握。我低声地说："也祝您好运。"他推开店门，消失在浓雾里。

我慢慢转过身，将手中的第 6 枚戒指放回了原处。

心地善良、宽容体谅往往会有一种意想不到的力量。

珍惜善心

一个人冒犯你或许会有某种值得同情的原因，要珍惜冒犯你的人身上的善心。这样才能互相谅解，化解矛盾。

"我从未遇见过任何一个我不喜欢的人。"威尔·罗吉士说。这位幽默大师能说出这样一句话，大概是因为很少有不喜欢他的人。罗吉士年轻时有过这样一件事，可为凭证。

1898年冬天，罗吉士继承了一个牧场。有一天，他养的一头牛，因冲破附近农家的篱笆去啃食嫩玉米，被农夫杀死了。按照牧场规矩，农夫应该通知罗吉士，说明原因。但农夫没这样做。罗吉士发现了这件事，非常生气，便叫一名用工陪他骑马去和农夫理论。

他们半路上遇到寒流，人身上、马身上都挂满冰霜，两人差点儿冻僵了。抵达木屋的时候，农夫不在家。农夫的妻子热情地邀请两位客人进去烤火，等她丈夫回来。罗吉士在烤火时，看见那女人消瘦憔悴，也发现五个躲在桌椅后面对他窥探的孩子瘦得像猴儿一样。

农夫回来了，妻子告诉他罗吉士和用工是冒着狂风严寒来的。罗吉士刚要开口跟农夫理论，忽然决定不说了。他伸出了手。农夫不晓得罗吉士的来意，便和他握手，留他们吃晚饭。"二位只好吃些豆子，"他抱歉地说，"因为刚刚在宰牛，忽然起了风，没能宰好。"

盛情难却，两人便留下了。

在吃饭的时候，用工一直等待罗吉士开口讲起杀牛的事，但是罗吉士只跟这家人说说笑笑，看着孩子一听说从明天起几个星期都有牛肉吃，便高兴得眼睛发亮。

饭后，朔风仍在怒号，主人夫妇一定要两位客人住下。两人于是又在那里过夜。

第二天早上，两人喝了黑咖啡，吃了热豆子和面包，肚子饱饱地上路了。罗吉士对此行的来意依然闭口不提。用工就责备他："我还以为你为了那头牛来兴师问罪呢。"

罗吉士半晌不做声，然后回答："我本来有这个念头，但是我后来又盘算了一下。你知道吗？我实际上并未白白失掉一头牛。我换到了一点人情味儿。世界上的牛何止千万，人情味儿却稀罕。"

一个人冒犯你或许会有某种值得同情的原因，罗吉士面对善良的农夫和他的妻子，彻底原谅了他们。在牛与人情味儿之间，罗吉士更珍视后者。

宽容

是对生命的洞见

人生幸福三诀

这"幸福三诀"是对人生的领悟，是一种生活智慧，只有丰富的阅历、宽广的胸怀才能总结出。如果我们也以此来指导生活，相信一定能活得坦荡、从容。

"唉，活得太累了！"现今谁没有这样深深的疲惫？

然而，在京城，有位 88 岁高龄的老太太却轻松悠闲地微笑着，用那略带合肥口音的普通话告诉我们，做一个好人其实很简单："第一是不要拿自己的错误惩罚自己；第二是不要拿自己的错误惩罚别人；第三是不要拿别人的错误惩罚自己。"她笑笑，晃了晃扳起的三根手指，满脸都是返老还童的天真和曾经沧海的从容，"有这么三条，人生就不会太累……"多么朴素的心语啊！

道出这"人生幸福三诀"的老太太，名叫张允和。她可是位有来历的知识女性，她的夫君是著名的语言学家周有光，有人说："周有光的平和宁静与广阔深邃，会让你不由自主地联想到无边无际的大海。"她的妹夫是由她玉成美事的大文豪沈从文，史家更有斩钉截铁的定评："无瑕人品清于玉，不俗文章胜似仙！"而张允和本人，也曾颠沛流离，也曾死里逃生，是人生的苦难与坚信使她大彻大悟，道出了这"人生幸福三诀"。

"不要拿自己的错误惩罚自己"，扪心自问一下，人间有多少烦恼是自己同自己过不去？人非圣贤，孰能无过？如果一有过错，就终日沉陷在无尽的自责、哀怨、痛悔之中，那么，其人生的景况就会像泰戈尔所说的那样：不仅失去了正午的太阳，而且将失去夜晚的群星。

"不要拿自己的错误惩罚别人"，这样浅显的道理谁都明了，但知易行难。人们都会为自己的过错而痛悔，但不少人痛悔归痛悔，受伤的虚荣心却还要疯狂地寻找能够掩饰伤口的更大虚荣。于是，他就情不自禁地要去惩罚别人，而那些无辜地受到惩罚的"替罪羊"，势必要奋起自卫。这样"拿自己的错误惩罚别人"，人生岂能不累？因此，"不要拿自己的错误惩罚别人"，并不是一种很容易达到的境界，它需要"胸藏万汇凭吞吐"的大器量。

"不要拿别人的错误惩罚自己"，许多人也许骄傲地说，这不是对我的写照。然而，我却以为：未必！如果不拿别人的错误惩罚自己，那怎么会不时生发出这样一些邪念：他都敢贪污受贿，我又何必清廉自守？他都敢男盗女娼，我又何必故作清高？芸芸众生，谁也不要嘴硬，我们何尝不会拿别人的错误惩罚自己呀！正是这种惩罚，使我们感到活得很累。

这"幸福三诀"是对人生的领悟，是一种生活智慧，只有丰富的阅历、宽广的胸怀才能总结出。如果我们也以此来指导生活，相信一定能活得坦荡、从容。

不要肩扛仇恨袋

人生在世，人际间的摩擦、误解和恩怨总是在所难免，如果肩上扛着"仇恨袋"、心中装着"仇恨袋"，生活只会是如负重登山，举步维艰了，最后，只会堵死自己的路。

古希腊神话中有一位大英雄叫海格力斯，从来都是所向披靡，无人能敌的。因此，他是何等的踌躇满志，春风得意，唯一的遗憾就是找不到对手。

有一天，他走在坎坷不平的山路上，突然，发现脚边有个袋子似的东西很绊脚，海格力斯猛踢了一脚，那只袋子非但丝毫不动，反而膨胀起来，成倍地扩大着。海格力斯恼羞成怒，操起一条碗口粗的木棒砸它，那东西竟然长大到把路堵死了，海格力斯无计可施，只好坐在路边唉声叹气。不一会儿，一位智者路过，见到此情景，困惑不解。海格力斯对智者说："这个东西很可恶，存心跟我过不去，把我的道给堵死了。"智者对海格力斯说："朋友，快别动它，忘了它，离开它远去吧。它叫仇恨袋，你不犯它，它便小如当初；你侵犯它，它就会膨胀起来，挡住你的去路，与你敌对到底！"

人生在世，人际间的摩擦、误解和恩怨总是在所难免，如果肩上扛着"仇恨袋"、心中装着"仇恨袋"，生活只会是如负重登山，举步维艰了，最后，只会堵死自己的路。

曼德拉的牢狱生活总结

宽容是一种非凡的气度、宽广的胸怀，是对人对事的包容和接纳。宽容是一种高贵的品质、崇高的境界，是精神的成熟、心灵的丰盈。

南非的曼德拉，因为领导反对白人种族隔离政策而入狱，白人统治者把他关在荒凉的大西洋小岛罗本岛上长达 27 年。当时尽管曼德拉已经高龄，但是白人统治者依然像对待一般的年轻犯人一样虐待他。

但是，当 1991 年曼德拉出狱当选总统以后，他在总统就职典礼上的一个举动震惊了整个世界。

总统就职仪式开始了，曼德拉起身致辞欢迎他的来宾。他先介绍了来自世界各国的政要，然后他说，虽然他深感荣幸能接待这么多尊贵的客人，但他最高兴的是当初他被关在罗本岛监狱时，看守他的 3 名前狱方人员也能到场。他邀请他们站起身，以便他能介绍给大家。

曼德拉博大的胸襟和宽宏的精神，让南非那些残酷虐待了他 27 年的白人汗颜得无地自容，也让所有到场的人肃然起敬。看着年迈的曼德拉缓缓站起身来，恭敬地向 3 个曾关押他的看守致敬，在场的所有来宾都静下来了。

后来，曼德拉向朋友们解释说，自己年轻时性子很急，脾气暴躁，正是在狱中学会了控制情绪才活了下来。他的牢狱岁月给了他时间与激励，使他学会了如何处理自己遭遇苦难的痛苦。他说，感恩与宽容经常是源自痛苦与磨难的，必须以极大的毅力来训练。

他说起获释出狱当天的心情："当我走出囚室、迈过通往自由的监狱大门时，我已经清楚，自己若不能把悲痛与怨恨留在身后，那么我其实仍在狱中。"

宽容是一种非凡的气度、宽广的胸怀，是对人对事的包容和接纳。宽容是一种高贵的品质、崇高的境界，是精神的成熟、心灵的丰盈。

我们之所以总是烦恼缠身，总是充满痛苦，总是怨天尤人，总是有那么多的不满和不如意，是不是因为我们缺少曼德拉的宽容和感恩呢？

记住曼德拉 27 年牢狱生活的总结：感恩与宽容经常是源自痛苦与磨难的，必须以极大的毅力来训练。

丘吉尔面对落选

宽容是一种博大，它能包容人世间的喜怒哀乐；宽容是一种境界，它能使人生跃上新的台阶。

二战结束后不久，在一次大选中，丘吉尔落选了。他是个名扬四海的政治家，对他来说，落选当然是件极其狼狈的事，但他却极坦然。当时他正在自家的游泳池里游泳，是秘书气喘吁吁地跑来告诉他："不好，丘吉尔先生，您落选了。"不料丘吉尔听了却爽朗地一笑说："好极了，这说明我们胜利了，我们追求的就是民主，民主胜利了，难道不值得庆贺吗？朋友，劳驾，把毛巾递给我，我该上来了。"丘吉尔是那么从容，那么理智，只说了一句话，就成功地表现了一种极宽容豁达的大政治家的风范。

什么是宽容？法国19世纪的文学大师雨果曾说过这样一句话："世界上最宽阔的是海洋，比海洋宽阔的是天空，比天空更宽阔的是人的胸怀。"宽容是一种博大，它能包容人世间的喜怒哀乐；宽容是一种境界，它能使人生跃上新的台阶。在生活中学会宽容，你便能明白很多道理。

只怪他失了手

许多难以挽回的悲剧，我们无法苛求任何人，只能怪自己失手。

三个登山老友，结伴攀登内华达州一处峭壁。有一天上山时天气晴朗，次日下山时却变了天，零度以下的气温将浓雾结为霜雪，使陡峭的岩壁更加滑不留足。

三个人以登山绳相连，分别敲开岩上的坚冰，再打入钢钉，挂上绳子，艰难地下山。

突然，一个人的钢钉松脱了，手脚从无法攀登的冰壁上滑开，坠了下去。所幸身上的绳子与两侧的朋友相连，使他吊在半空。

两个人尽了一切力量救他，但是垂直的岩壁上没有任何可以借力的东西，而有限的钢钉，更因为那人下坠及增加的重量，而随时有滑脱的可能。

"你们不可能救得了我，把绳子割断，让我走！"悬在半空的人嘶声哀求，"与其一起摔死，还不如我一个人走！只怪我失手。"

他们割断了绳子，那人笔直地跌下去，没有哀号。

剩下的两个人终于安全返回地面，他们一起到死者的家中告之噩耗。那人的妻子瞬间苍白了面孔，她颓然坐下，没有多问，也没有号哭，只淡淡地说了一句话："只怪他失了手！"

这是一句洞悟人生的话。许多难以挽回的悲剧，我们无法苛求任何人，只能怪自己失手。

别把绳子牵得太紧

要想实现自己的愿望，在行动上我们必须努力，但在心灵层面，我们却必须宽容豁达一些。

生活中常常会碰到这样的情形，越想拼命抓住的东西，却越难以抓住，功利心太强，压力与思想负担也越重，结果事情往往以失败告终，身心都不堪重负。一位农妇以一句形象的话语告诉了我们这个道理。

黄昏时分，孩子把牛从三里外的邻村牵回家。那时候他还没学会骑在牛背上赶牛，只会在前面远远地拉着牛绳走。天就要黑了，他心里就开始着急。然而这牛却跟他作对：孩子牵得紧，牛却偏要走得慢；用力拉，它就使上性子不肯迈步。这牛脾气！孩子一边骂牛一边心急。

眼看着天色越来越黑，沿路的村庄里的灯一盏盏都亮起来，孩子心一急，就从路旁折了一根薪条，绕到牛屁股后面狠狠地抽了它一下。这下子可糟了，牛一惊，挣脱了牵在孩子手中的缰绳就向前狂奔起来。

当孩子没命地跑了半个多小时终于赶上牛的时候，牛正悠闲地停在村口的路边吃草。母亲也站在那里等他。他把牵牛的事一说，母亲笑了，说："你把绳子牵得太紧，牛鼻子就疼，牛鼻子疼了，它当然不会跟你走了！"

孩子恍然大悟。

孩子 18 岁那年的高考，由于思想压力太重，平时成绩一直名列前茅的他竟失手了。后来母亲跟他说，别把考大学看得跟命一样重！记得你小时候牵牛的事吗？绳子牵得太紧，牛反倒不跟你走了！孩子猛然醒悟，第二年的夏天，他终于以优异的成绩被江南一所著名大学的中文系录取。

一块钱损害 20 年的人生

为一点小事结下一生的死结，这种情况实在是太多了。不要当生活的谜底翻开时才悔悟，晚了，20 年光阴已逝。宽容一点吧。

人生难免不遇上沟沟坎坎，有时候，一件特别小的事情如果不能释怀，可能就会使你长期戴上痛苦的紧箍咒，影响你一生的生活。

有个故事说的是一个小镇商人有一对双胞胎儿子，当这对兄弟长大后，就留在父亲经营的店里帮忙，直到父亲过世，兄弟俩接手共同经营这家商店。

一切都很平顺，兄弟俩齐心协力，把小店打理得井井有条。可是，有一天一块美金丢失了，于是，一切都发生了变化。

哥哥将一美金放进收银机后，就与顾客外出办事，当他回到店里时，突然发现收银机里面的钱不见了！

他问弟弟："你有没有看到收银机里面的钱？"

弟弟回答："我没有看到。"

但是哥哥却咄咄逼人地追问，不愿就此罢休。哥哥说："钱不会长了腿跑掉的，我认为你一定看见过这一块钱。"语气中隐约带有强烈的质疑意味，弟弟委屈万分，"哥哥你怎么那般不信任我？"怨恨油然而生，手足之情就出现了缝隙，兄弟俩内心产生了严重的隔阂。

双方都对此事一直耿耿于怀，开始不愿再交谈，后来决定不再一起生活，他们在商店中间砌起了一道砖墙，从此分居而立。

20 年过去了，敌意与痛苦与日俱增，这样的气氛也感染了双方的家庭与整个社区。一天，有位开着外地车牌汽车的男子在哥哥的店门口停下。他走进店里问道："您在这个店里工作多久了？"哥哥回答说他这辈子都在这店里服务。

这位客人说："我必须要告诉您一件往事。20 年前我还是个不务正业的流浪汉，一天流浪到你们这个镇上，肚子已经好几天没有进食了，我偷偷地从您这家店的后门溜进来，并且将收银机里面的一元钱取走。虽然时过境迁，但对这件事情一直无法忘怀。一块钱虽然是个小数目，但是我深受良心的谴责，必须回到这里来请求您的原谅。"

当说完原委后，这位访客很惊讶地发现店主已经热泪盈眶，并用语带哽咽的音调请求他："是否也能到隔壁商店将故事再说一次呢？"当这陌生男子到隔壁说完故事以后，他惊愕地看到两位面貌相像的中年男子，在商店门口痛哭失声、相拥而泣。

20 年的时间，怨恨终于被化解，兄弟之间存在的对立也因此消失。可是，20 年的痛苦和烦恼谁能补偿？仅仅因为一块钱啊！丧失了 20 年的兄弟亲情，丧失了多少和睦与美好，还给双方家庭带来无尽的烦恼。为一点小事结下一生的死结，这种情况实在是太多了。不要当生活的谜底翻开时才悔悟，晚了，20 年光阴已逝。宽容一点吧。

"不过损失了 2 马克"

当你闻达时，不要过分欢喜，当你落魄时，不要过于悲伤，从容看待这世界的沉沉浮浮。

尤利乌斯是一个画家，而且是一个很不错的画家。他画快乐的世界，因为他自己就是一个很快乐的人。不过没人买他的画，因此他想起来会有些伤感，但只是一会儿。

"玩玩足球彩票吧！"他的朋友劝他，"只花 2 马克就可以赢很多钱。"

于是尤利乌斯花 2 马克买了一张彩票，并真的中了奖！他赚了 50 万马克。

"你瞧！"他的朋友对他说，"你真是走运啊！现在你还经常画画吗？"

"我现在就只画支票上的数字！"尤利乌斯笑道。

尤利乌斯买了一幢别墅并对它进行了一番装饰。他很有品位，买了很多东西：阿富汗地毯，维也纳柜橱，佛罗伦萨小桌，迈森瓷器，还有古老的威尼斯吊灯。

尤利乌斯很满足地坐下来，他点燃一支香烟，静静享受他的幸福，突然他感到很孤单，便想去看看朋友。他把烟蒂往地上一扔，在原来那个石头画室里他经常这样做，然后他出去了……

燃着的香烟静静躺在地上，躺在华丽的阿富汗地毯上……一个小时后别墅变成了火的海洋，它被完全烧毁了。

朋友们很快知道了这个消息，他们都来安慰尤利乌斯。

"尤利乌斯，真是不幸啊！"他们说。

"怎么不幸啊？"他问。

"损失啊！尤利乌斯，你现在什么都没有了。"

"什么呀？不过是损失了2马克。"

天有不测风云，人有旦夕祸福。你有可能一夜暴富，一夜成名，也有可能会在一小时或一分钟内破产，陷入窘境。生活中总是存在太多未知数。所以当你闻达时，不要过分欢喜，当你落魄时，不要过于悲伤，从容看待这世界的沉沉浮浮。

生气真的没有用

生气只是惩罚自己而已。所以，不要生气。

某法师有一天正要开门出去，不料，迎面撞进一位彪形大汉，说时迟，那时快，只听得"碰"的一声，刚巧撞在法师的眼镜上，眼镜戳青了他的眼皮，然后跌落到地上，镜片摔得粉碎。

此时那满脸络腮胡子撞人的大汉，毫无愧疚之色，反而理直气壮道："谁叫你戴眼镜？"

法师此时心想：世间法多由因缘合和而生，有善缘，亦有恶缘，解决恶缘之道，唯以慈悲待之，因此便以欢喜豁达的心胸来接受这一事实。

胡子见法师以微笑慈容回报他的无理，颇觉讶异地问：

"喂！和尚，为什么不生气？"

法师借机开示说："为什么一定要生气呢？生气既不能使破碎的眼镜重新复原，又不能使脸上的淤青立刻消失，苦痛解除。再说，生气只会扩大事情，如果我生气，对您破口大骂，或是打斗动粗，必定造下更多的业障及恶缘，甚至伤害了身体，仍不能把事情化解。"

"以世间因缘果报来看这件事情，我早一分钟，或迟一分钟开门，都可以避免相撞，而我们却撞在一起，或许这么一撞化解了我们过去的一段恶缘，因此，我不但不生气，反而还要感谢您助我消除业障哩！"

大胡子听后十分感动，他问了许多佛法及法师的称号，然后若有所悟地离去。这件事过了很久，有一天法师接到一封保值挂号信，信中附有五千元，原来正是大胡子寄来的，信中写道：

师父慈鉴：

非常感谢您，那天撞了您，却救下三条活命，事情是这样的：

我年轻时本来不知用功进取，毕业之后，在事业上高不成低不就，十分苦恼，常常自怨自艾，结婚之后，也不知善待妻子，常常拿妻子出气。有一天，我外出上班，忘了拿公事包，中途又返家提取，没想到却发觉妻子与一名男子在家中谈笑，我非常生气，冲动地跑进厨房，拿了一把菜刀，想杀了他俩，然后自杀，以求了断。不料，那男子惊慌回头，脸上的眼镜摔落地下，一时，我忆起慈悲的师父，师父的一句"生气不能解决问题"，使我冷静下来。我想：妻子越轨，我必须负全部责任。因为，过去我实在不该冷落她。经过这件事，我悟到许多为人处世的道理，再也不会暴躁及莽撞了。目前，我们一家和睦相处，生活和和美美，工作上也能得心应手了。

师父的开示，改变了我的人生观，一生受用不尽，为了感谢师父的恩德，我汇上五千元，两千元赔偿师父的眼镜，三千元为我、为妻子及那个男人做功德，我惭愧以往不知修福，反而造下不少恶业，还请求师父为我们祈福化解，消除业障……

人与人之间相处，难免不磕磕碰碰，切记"生气是不能解决问题的"。法师以欢喜心接受横逆，不但化解了一段恶缘，并且点醒了莽撞汉，使他遇事能自我反省，冷静地处理了忽然遭遇的场面，避免了血案，迎来了美好的生活。

生气只是惩罚自己而已。所以，不要生气。

脾气是匕首

脾气是匕首，伤人又伤己，但宽容能让你放下这把匕首。宽容的可贵不只在于对同类的认同，更在于对异类的尊重。

作家尤今有篇好文章，说脾气是匕首。这样的匕首，每个人都有一把。修养好的人，让匕首深藏不露，非万不得已，绝不亮出它。然而，涵养不到家者，却动辄以匕首作为保护自己尊严的武器——不论大事小事，只要不合乎他的心意，便大发雷霆，以那把无形的匕首来伤人，对下属如此，对家人如此，对朋友也如此，"一视同仁"。

把别人刺得遍体鳞伤，他还理直气壮地说道："发脾气对我有如放爆竹，噼噼啪啪地放完了，便没事了。"没事的，是他自己。别人呢，别人的感受怎么样，他可曾想过？脾气来时，理智便去；每一句话都浸在刀光剑影里，寒光逼人。道行高的，也许懂得脱身之道，然而，一般人却只有呆呆地木立，任匕首乱刺，痛苦万状地看着心在淌血。

血流得多了，便偷偷地把自己所拥有的那一把匕首拿出来磨。悄悄地磨，狠狠地磨。磨匕首，也同时磨勇气。匕首越磨越利，勇气也越磨越强。终于，那一天来了。

惯用匕首的那个人，又以他的匕首这里那里地乱刺。伺机报复的这个人呢，静静地抿着嘴，不动声色地将那把磨得极薄极利的匕首取了出来，对准对方的心口，猛猛地丢过去。"嗖"的一声，匕首直插要害。

他应声倒地的那一刹那，才恍然大悟："哎哟，别人身上原来也是有匕首的！"所以说呀，出匕首时，能不三思吗？

脾气是匕首，伤人又伤己，但宽容能让你放下这把匕首，宽容的可贵不只在于对同类的认同，更在于对异类的尊重。

生命的满足

满足感常常并不是来自满足于你想要的，而是来自你了解到所拥有的是那么多。

或许，你常常觉得生命是痛苦的，工作不好，生活不好，所有的事都不对劲，你渴望着摆脱你自己的环境。

以下的故事，可能会令你改变对生命的看法：

他说他亲眼看到印度妇人用割肉刀将她的儿子的右手切下。

那妇人无助的眼神，那4岁稚童痛苦的呻吟，至今仍令他难以释怀。

你可能会问：为什么那母亲要这样残忍？是否她的孩子太顽皮，或是他的手受到病毒感染？都不是，原来只是为了行乞！

那绝望的母亲特意把孩子弄成伤残，使他可以在街上行乞。我的朋友吓呆了，他把他吃到一半的面包放下，随即有五六个小孩拥至，争夺这片满是尘土的面包。

他对这情景很震惊。他的导游开车把他送到最近的面包店，他到其中两家，把他们的所有面包全买下来，面包店的老板很愕然，不过还是愿意把所有的面包都卖给他。

他花了不足100元，就买到约400块面包，又用了100元买一些日用品。

于是，他坐在一部载满面包的货车往街上去，当他分发面包和日用品给那些大部分是伤残的儿童时，他们都报以欢喜的鞠躬。就是这样，他在生命中第一次想到人们怎么可以为一片价值菲薄的面包而放弃自己的尊严。

他开始想到他是多么的幸运——他有个完整的身躯，有一份工作，有个家庭，有机会抱怨食品的好与坏，有机会穿衣服，有机会拥有很多这些人没有的东西。

现在，我开始想到和感受到，我的生命是否真的那么差呢？

也许……我就觉得不是那么差，你呢？

或者下一次你觉得自己生命很差的时候，想想那个因为行乞而失去右手的小孩吧。

满足感常常并不是来自满足于你想要的，而是来自你了解到所拥有的是那么多。

的确，我们常常要到失去时才知道我们拥有，但苦难却往往是我们等到目睹时才知道我们没有它们，才充分感受着自己的优越。

日子总是一天天过去

你咒骂，你伤心，日子一天天地过去；你快活，你欢乐，日子也一天天地过去，你选择哪一种呢？

有一个人想学医，可是又犹豫不决，就去问他的一个朋友："再过四年，我就 44 岁了，能行吗？"

朋友对他说："怎么不行呢？你不学医，再过四年也是 44 岁啊！"他想了想，瞬间领悟了，第二天就去学校报了名。

我的一个朋友，几年前跟人合伙做生意，运货的船突遇风浪翻了。他们所有的财产和梦想也随之坠入了海底。他经不起这个打击，从此变得委靡不振，神思恍惚。当他看到另一个跟他一起遭遇变故的人居然活得有滋有味时，就去问他。那人对他说："你咒骂，你伤心，日子一天天地过去；你快活，你欢乐，日子也一天天地过去，你选择哪一种呢？"

人就是这样，当你以一种豁达、乐观向上的心态去构筑未来时，眼前就会呈现一片光明；反之，当你将思维囿于忧伤的樊笼里，未来就变得暗淡无光。长此下去，你不仅会将最起码的信念和拼搏的勇气泯灭，还会将身边那些最近最真的欢乐失去。对每一个人来说，那些像空气一样充塞在身边的欢乐才是最重要的，它组成我们生命之链上最真实可靠的一环，你一节一节地让它松落了，欢笑怎么能向下延续呢？

有一首诗写道："你知道，你爱惜，花儿努力地开；你不知，你厌恶，花儿努力地开。"是的，花儿总是在努力地开，美好的日子也一天天地在流逝，如何度过可全在于你自己。

面对误会怎么办

人际关系就是这样，我们只能按规则管好自己的这一半。

误会是很令人难受的一件事。很多人懊悔说，要是我不如何如何的话，也许就不会发生误会。当然，小心是应该的，但无论我们如何小心，误会总是避免不了的。

所以更重要的是误会后的处理。

如果别人误会我了，那我会解释给他听。如果他认可了我的解释，那是皆大欢喜。但如果他不听我解释，那是他的事。不需要再忧虑。

如果我对别人有不满意之处，我会把自己的看法说出来，然后听他怎么给我解释。如果他解释给我听，那是皆大欢喜，但如果他不解释给我听，那也是他的事。我不需要郁闷。

记得以前刚认识一位朋友时，大家有过一场误会。可是后来双方有道歉，有谅解，各自认过错，都退一步，于是一切问题烟消云散。这是最好的良性互动。

如果只有你认错，另一方丝毫不认错，或不接受你的认错，不和你进行良性互动，那就说明不是一个道上的人。道不同不相为谋，由他去吧。

人际关系就是这样，我们只能按规则管好自己的这一半。可是很多人都在为对方不遵守规则而生气上火。这真是很冤枉的。

从对手身上吸取营养

允许别人的反对，并不计较别人的态度，充分看待别人的长处，并吸收其营养。这种宽容，不仅是胸怀、气度，也是智慧。

越是睿智的人，越是胸怀宽广，大度能容。因为他洞明世事、练达人情，看得深、想得开、放得下。

18世纪的法国科学家普鲁斯特和贝索勒是一对论敌，他们对关于定比这一定律争论了长达9年之久，各执一词，谁也不让谁。最后的结果，是以普鲁斯特的胜利而告终，普鲁斯特成为了定比这一科学定律的发明者。普鲁斯特并未因此而得意忘形，据大功为己有。他真诚地对曾激烈反对过他的论敌贝索勒说："要不是你一次次的质难，我是很难深入地研究这个定比定律的。"同时，他特别向公众宣告：发现定比定律，贝索勒有一半的功劳。

允许别人的反对，并不计较别人的态度，充分看待别人的长处，并吸收其营养。这种宽容，不仅是胸怀、气度，也是智慧，就犹如一泓温情而透明的湖，让所有一切映在湖面上，天方云色、落花流水，都蔚为文章。

另起一行

的确，在各行各列中，每个人都期望得到第一。但因为每一项中第一总是只有一名，绝大部分人是与之无缘的，所以这世界便有了形形色色的纷争。其实只要豁达一些，换个角度看问题，我们就不会为缺少"第一"而郁闷了。

小时候，看过一篇文章，内容描述一名念小学的女孩，每天都第一个到校，每天都第一个到教室，等待一天的开始。她的同学途中遇到她，问她为什么每天都那么早到校，她带着腼腆的笑容，回答了这个问题。

原来，她学习成绩不怎样，长相也普通，在家中排行中间，她从来不知"第一名"的滋味是什么。某次，她发现当她第一个到达教室时，竟意外地获得一种类似"第一名"的喜悦。她很快乐，也有了期待。

她一面走着，一面向同学袒露心中的小秘密，周身散发出一股期待及喜悦的光芒。接近教室的时候，她心中甚至升起了一种不小的兴奋和快感……不料，她的同学一个箭步往前跨进去，推开了教室的门，"第一个"冲了进去，然后回头望着，露出胜利的微笑。她的光芒顿时隐去，她的心隐隐发痛。她忍住泪水，脱口一句："第一，是我的，你怎么可以……"她说不出下面的话，说不出来，她连这个"第一"也失去了。

忘了是在几岁的时候看的这篇文章，只记得当时能感受小女孩的心情，因为我也是个始终与"第一名"无缘的人，甚至，因为配合家里大人的出门时间，连尝尝"第一个"到校的滋味都没有机会。

长大了，更深刻体会到"第一名"其实已幻化成色彩斑斓的翅膀，在不同的领域中现身：有人在学业中争第一；有人在工作中抢头榜；还有人总缠着恋人，不断地问："我是不是你最钟爱的人？"

记得有一次，朋友慧曾经心痛地对我说，她没有办法同时拥有两个好朋友，因为在同一个空间中，她只能有一个最爱，因此，她经常面临抉择的痛苦，而不知如何去安置两份并列的感情。

乍听之下，也许友人会认为她指的是异性的恋情，只可惜，真实的状况是，即使是同性的友情，也一样令她为难。

我另一个朋友林，却全然是另一种情况：热情四射，才华横溢，经常是社团中令人注目的焦点，认识林的人几乎都可以感受到他热情的付出。

最近，得知他交了女朋友，我忍不住挪揄他："那现在我在你心中排第几呀？"他想也不想，便答："第一。"我极度不相信地看着他，再问一次："怎么可能？少骗人了。"他狡黠地一笑，然后说："当然排第一，另起一行而已。"

的确，在各行各列中，每个人都期望得到第一。但因为每一项中第一总是只有一名，绝大部分人是与之无缘的，所以这世界便有了形形色色的纷争。其实只要豁达一些，换个角度看问题，我们就不会为缺少"第一"而郁闷了。

瞎子点灯

给别人送去温暖，就是给自己送去温暖；给别人以希望，便在自己心中升起了希望；宽容别人，就是宽容自己；爱别人，便给自己留存了爱的火焰⋯⋯

一个漆黑的夜晚，一个远行寻佛的苦行僧走到了一个荒僻的村落中，漆黑的街道上，络绎不绝的村民们在默默地你来我往。

苦行僧转过一条巷道，他看见有一团云黄的光正从巷道的深处静静地亮过来。身旁的一位村民说："孙瞎子过来了。"瞎子？苦行僧愣了，他问身旁一位村民说："那挑着灯笼的真是一位盲人吗？"

他真的是一位盲人。那人肯定地告诉他。

苦行僧百思不得其解。一个双目失明的人，没有白天和黑夜的概念，看不到高山流水，也看不到桃红柳绿，甚至不知道灯是什么，为何要挑一个灯笼呢？

那灯笼渐渐近了，云黄的灯光渐渐从深巷移游到僧人的芒鞋上。百思不得其解的僧人问："敢问施主真的是一位盲者吗？"那挑灯笼的盲人告诉他："是的，从踏进这个世界，我就一直双眼混沌。"

僧人问："既然你什么也看不到，那你为何挑一个灯笼呢？"盲者回答道："现在是黑夜吗？我听说在黑夜里没有灯光的映照，满世界的人和我一样都是盲人，所以就点燃了一盏灯。"

僧人若有所悟地说："原来您是为别人照明？"

但那盲人却说："不，我是为自己！"

僧人又愣住了。

盲者缓缓道："你是否也曾因为夜色漆黑而被其他行人碰撞过？"

僧人说："是的，就在刚才，还被两个人不留心碰撞过。"

盲人听了，深沉地说："但我就没有。虽说我是盲人，我什么也看不见，但我挑了这个灯笼，既为别人照亮了路，也更让别人看到了我自己，这样，他们就不会因为看不见而碰撞我了。"

苦行僧听了，顿有所悟。他仰天长叹道："我天涯海角奔波找佛，没有想到佛就在我身边，原来佛性就像一盏灯，只要我点燃了它，即使我看不见佛，但佛却会看到我。"

点亮一盏灯，既能照亮自己，也能照亮别人。假设此灯是温暖，是希望，是宽容，是爱，那么：

给别人送去温暖，就是给自己送去温暖；

给别人以希望，便在自己心中升起了希望；

宽容别人，就是宽容自己；

爱别人，便给自己留存了爱的火焰；

……

不完美的圆圈

当我们接受不完整性是人类本性的一部分，当我们能不断地欣赏人生的价值时，我们就会获得其他人仅能渴望的完整人生。

从前，一只圆圈缺了一块楔子。它想保持完整，便四处寻找那块楔子。由于不完整，所以它只能慢慢地滚动。一路上，它对花儿露出羡慕之色；它与蠕虫谈天侃地；它还欣赏到了阳光之美。圆圈找到了许多不同的楔子，但没有一件与它相配。所以，它将他们统统弃置路旁，继续寻觅。

终有一天，它找到了一个完美的配件。圆圈是那样的高兴，现在它可以说是完美无缺了。它装好配件，并开始滚动起来。现在它已成了一个完美的圆圈，所以滚动得非常快，以至于难以观赏花儿，也无暇与蠕虫倾诉心声。当圆圈意识到因快奔而失去了原有的世界时，它不禁停了下来，将找到的配件弃置路旁，又开始慢慢滚动。

有所得必有所失，有所失也会有所得。一个拥有一切的人其实在某些方面是个穷人。他永远也体会不到什么是渴望、期待及如何用美好的梦想滋润自己的灵魂。

人生的完整性在于知道如何面对缺陷，如何勇敢地摈弃不现实的幻想而又不以为缺憾。人生的完整性还在于学会勇敢面对人生悲剧而继续生存。

当我们接受不完整性是人类本性的一部分，当我们能不断地欣赏人生的价值时，我们就会获得其他人仅能渴望的完整人生。

被上帝咬过的苹果

不能改变的事情就不必自寻烦恼了，坦然地接受上帝的安排，发挥自己的长处，做生活的强者。

有一个人从小双目失明，懂事后他深深烦恼，认定这是老天在责罚他，感到一辈子完了。亲友、社会上的人都来关怀他、照顾他，但他不愿在怜悯中度过一生。

后来一位老师对他说："世上每个人都是被上帝咬过一口的苹果，都是有缺陷的。有的人缺陷比较大，因为上帝特别喜爱他的芬芳。"他很受鼓舞，从此把失明看做是上帝的特殊钟爱，开始振作起来。若干年后，当地传颂着一位德艺双馨的盲人推拿师的故事。

上帝知道了这件事，笑道："我很喜欢这个美丽而睿智的比喻。但要声明一点：所谓缺陷是指生理上的，那些有道德缺陷的人是烂苹果，不是我咬的，是虫蛀的。"

当我们还在为先天的生理缺陷自怨自艾、自暴自弃时，想想这个比喻吧，因为上帝太喜欢你了，所以咬得大了些。不能改变的事情就不必自寻烦恼了，坦然地接受上帝的安排，发挥自己的长处，做生活的强者。

轮椅生涯

如果谁总以为失去的太多，总受到这个意念的折磨，谁才是最不幸的人。

想起霍金，眼前就浮现出这位科学大师那永远深邃的目光和宁静的笑容。世人推崇霍金，不仅仅因为他是科学界的英雄，更因为他还是一位人生的斗士。

有一次，在学术报告结束之际，一位年轻的女记者捷足跃上讲坛，面对这位已在轮椅上生活了 30 余年的科学巨匠，深深景仰之余，又不无悲悯地问："霍金先生，卢伽雷病已将你永远固定在轮椅上，你不认为命运让你失去了太多吗？"

这个问题显然有些突兀和尖锐，报告厅顿时鸦雀无声，一片静谧。

霍金的脸庞却依然充满恬静的微笑，他用还能活动的手指，艰难地叩击键盘，于是，随着合成器发出的标准伦敦音，宽大的投影屏上缓慢而醒目地显示出如下文字：

我的手指还能活动，

我的大脑还能思维，

有我爱和爱我的亲人和朋友，

对了，我还有一颗感恩的心……

心灵的震颤之后，掌声雷动。人们纷纷拥向台前，簇拥着这位非凡的科学家，向他表示由衷的敬意。

　　人们深受感动的，并不是因为他曾经的苦难，而是他直面苦难时的坚守、乐观和勇气。人生如花开花谢，潮起潮落，有得便有失，有苦也有乐。如果谁总以为失去的太多，总受到这个意念的折磨，谁才是最不幸的人。

佛桌上开出的花朵

给予别人一个机会，便是让一个人获得新生。

朝阳升起之前，庙前山门外凝满露珠的春草里，跪着一个人：师父，请原谅我。

他是某城的风流浪子，20年前曾是庙里的小沙弥，极得方丈宠爱。方丈将毕生所学全数教授，希望他能成为出色的佛门子弟。他却在一夜间动了凡心，偷下山去，五光十色的城市浮住了他的眼目，从此花街柳巷，他只管放浪形骸。

夜夜都是春，却夜夜不是春。20年后的一个深夜，他陡然惊醒，窗外月色如洗，澄明清澈地洒在他掌心。他忽然深自忏悔，披衣而起，快马加鞭赶往寺里。

"师父，你肯饶恕我，再收我做弟子吗？"

方丈深深厌恶他的放荡，只是摇头。"不，你罪孽深重，必堕阿鼻地狱，要想佛祖饶恕，除非——"方丈信手一指供桌，"连桌子也会开花。"

浪子失望地离开了。

第二天早上，方丈踏进佛堂的时候，惊呆了：一夜间，佛桌上开满了大簇大簇的花朵，红的，白的，每一朵都芳香逼人，佛堂里一丝风也没有，那些盛开的花朵却簌簌急摇，仿佛焦灼地召唤。

方丈瞬间大彻大悟。他连忙下山寻找浪子，却已经来不及了，心灰意冷的浪子又堕入他原本的荒唐生活。

而佛桌上开出的那些花朵，只开放了短短的一天。

是夜，方丈圆寂，临终遗言：

这世上，没有什么歧途不可以回头，没有什么错误不可以改正。一个真心向善的念头，是最罕有的奇迹，好像佛桌上开出的花朵。

而让奇迹陨灭的，不是错误，是一颗冰冷的、不肯原谅的心。

正如方丈遗言：真心向善的念头是一个奇迹。而摧残奇迹的往往是人们拒绝原谅的心。俗话说：浪子回头金不换。给予别人一个机会，便是让一个人获得新生。

刀子与语言

语言的源泉来自于个人的心胸与修养，有怎样的心就吐出什么样的语言。为了不在人与人之间竖起无法消除的隔阂，让我们增大心胸的容量吧。

在茂密的山林里，一位樵夫救了一只小熊，老熊对樵夫感激不尽。有一天樵夫迷路了，遇见了母熊，母熊安排他住宿，还以丰盛的晚宴款待了他。翌日晨，樵夫对母熊说："你招待得很好，但我唯一不喜欢的地方就是你身上的那股臭味。"母熊心里怏怏不乐，说："作为补偿，你用斧头砍我的头吧。"樵夫按要求做了。

若干年后，樵夫遇到了母熊，他问："你头上的伤口好了吗？"母熊说："哦，那次痛了一阵子，伤口愈合后我就忘了。不过那次你说过的话，我一辈子也忘不了。"

真正伤害人心的东西不是刀子，而是比刀子更厉害的东西——语言。善良智慧或者温厚博学的语言，能融化冰雪，排除障碍直抵对方心岸，而尖酸刻薄或者吹毛求疵的语言往往会使对方的心上结冰，一生无法融化。语言的源泉来自于个人的心胸与修养，有怎样的心就吐出什么样的语言。为了不在人与人之间竖起无法消除的隔阂，让我们增大心胸的容量吧。

可以改变的是态度

虽然我们无法改变人生，但我们可以改变人生观；虽然我们无法改变环境，但我们可以改变心境。

有位老太太请了一个油漆匠到家里粉刷墙壁。油漆匠一走进门，看到她的丈夫双目失明，顿时流露出怜悯的眼光。可是男主人开朗乐观，所以油漆匠在那里工作的几天，他们谈得很投机，油漆匠也从未提起男主人的缺陷。

工作完毕，油漆匠取出账单，老太太发现比原来谈妥的价钱打了一个很大的折扣。她问油漆匠："怎么少算这么多呢？"油漆匠回答说："我跟你先生在一起觉得很快乐，他对人生的态度，使得我觉得自己的境况还不算最坏。所以减去的那一部分，算是我对他表示的一点谢意，因为他使我不再把工作看得太苦！"

油漆匠对这位太太的丈夫的推崇，使她淌下了眼泪，因为这位慷慨的油漆匠，自己只有一只手。

态度就像磁铁，不论我们的思想是正面还是负面的，我们都受它的牵引。虽然我们无法改变人生，但我们可以改变人生观；虽然我们无法改变环境，但我们可以改变心境。

永不道别

生老病死是人生的常态，我们无法左右宇宙强硬的规则，我们只有通过柔软的心灵来超越这些规则。只有正视生命的沉浮，才能不被命运的无常打倒。

比利那年才 10 岁，却陡然陷入了极度痛苦之中，因为他即将远离熟悉的家乡。尽管他还年幼，但这短暂的时光中每时每刻都是在那个古老而庞大的家族中度过的，这里凝聚着四代人的欢乐与苦楚。

最后的一天终于来临了。比利一个人偷偷地跑到他的避难所——那个带顶棚的游廊，独自悄悄地坐着，身子不断地抽搐，伤心的泪水如泉水一般直往外流。突然间，他感到一只大手在轻轻地抚摩着他的肩膀，抬头一看，原来是爷爷。"不好受吧，比利？"爷爷问道，随后坐在比利旁边的石阶上。

"爷爷，"比利擦着泪汪汪的眼睛问道，"这可让我怎么向您和我的小伙伴道别呀？"

爷爷盯着远处的苹果树，静静地望了好一会儿才说道："'再见'这个字眼太令人伤感了，好像是永别一般，而且还过于冷漠。看起来似乎我们有许许多多道别的方式，但都离不开'悲伤'这两个字。"比利依然直直地盯着爷爷的脸，爷爷却慢慢地把比利的小手放到他那双大手之中，轻声说道："跟我来，小家伙。"

他们手牵着手，来到前院，这是爷爷最为珍爱的地方，那里长着一棵巨大的红色玫瑰树。

"比利，你看到什么了？"

比利眼睁睁地看着这些开得正旺的玫瑰花，心里却不知说些什么，就冒失地回答："爷爷，我见到的是又轻柔又漂亮的花呀！真是美极了！"

爷爷屈膝跪了下来，把比利拉到他身边，说："的确美极了。但这不仅仅是玫瑰本身美，比利，更重要的是你心目中那块特殊领地才使得它们这样美。"

爷爷与比利的视线相遇了。"比利，这些玫瑰是我很久很久以前种下的，那时你妈甚至还不知在哪儿呢。我的大孩子出生那天，我栽下这些玫瑰，这是我对上帝感恩的一种特殊方式。那孩子和你一样，也叫比利，过去我常常看着他摘那些花，献给他的妈妈……"

爷爷已是老泪纵横了（在这以前，比利还未见他流过泪呢），声音也随之哽咽了。

"一天，可怕的战争终于爆发了，我儿子和其他许许多多的孩子一道远离家乡去前线。我和他一道步行，到了火车站……十个月过去了，我收到一封电报，原来比利已在意大利的一个小村庄牺牲了。我所能记起的一切就是他一生中与我最后说的话就是'再见'。"

爷爷缓缓地站起来，"比利，今后永远不要说再见。千万不要被世上的悲哀与孤独缠绕。相反，我倒是希望你能记住第一次对朋友问候时那种幸福愉快之情。把这个不同寻常的问候牢牢铭刻在心中，就如同太阳常在一起，暖烘烘的。当你和朋友们分离时，想远一些，特别是记住第一次问好。"

一年半过去了，爷爷重病缠身，生命垂危。几个星期后从医院回来，他又选择了靠窗那张床，以便能看到他所珍爱的玫瑰树。

一天，家里人都被召集到一块，比利又回到了这幢旧房子里。按常规，长孙也有与祖父告别的机会。

轮到比利了，他注意到爷爷已是疲倦不堪，眼睛紧闭，呼吸缓慢而且沉重。

比利轻松地握着爷爷的手，正如当初爷爷拉着他的手一样。

"您好，爷爷。"比利轻轻地问候，爷爷的眼睛缓缓地睁开了。

"你好，我的孩子。"爷爷说道，脸上掠过一丝微笑，眼睛又闭上了。比利赶紧离开了。

比利静静地伫立在玫瑰树旁边，这时，叔叔走过来告诉他爷爷过世了。比利不由得想起爷爷的话和形成他们友谊的那种特殊感情。突然间，比利真正领悟出爷爷说"永不道别"和"不必悲哀"的真正含义。

生老病死是人生的常态，我们无法左右宇宙强硬的规则，我们只有通过柔软的心灵来超越这些规则。"永不道别"，不被无谓的悲哀缠绕，我们相信美好的东西会再次出现，即使是在梦中，只要我们有爱，有惦念，它一定会在我们心中开花。只有正视生命的沉浮，才能不被命运的无常打倒。

亲爱的，我还活着

花开花落，草长草枯，生命就是这样的。要知道生命的自然性是一切都留不住的，当我们拥有时，好好珍惜，当生命消逝，就让它过去。

在多伦多的住宅区里，如果住的是平房的话，一般都有前后两个院子。喜欢养花弄草的人都会把前院弄得五颜六色，尽管花不多，但草会修建得整整齐齐。黄昏散步，路过不同的花和一样的草，也是件极赏心悦目的事。特别是在夏天，草长得疯快，剪草机的声音此起彼伏，草香四溢。

剪草通常都得用电动剪草机，而像康奈尔太太那样剪草的，还是极其罕见。康奈尔太太家花园的草是用剪草机剪过后，再用尖刀一下一下细细地修剪过的。

路过的人，总会惊讶于这片草地的完美，康奈尔太太干干瘦瘦、眼睛不甚明亮却很有神。只要天气不坏，她总是戴着一顶大草帽，不厌其烦地在那片草地上忙碌。

康奈尔太太70多岁了，已退休多年。儿女都长大了，也搬出去了。康奈尔先生身体不好，他活动得不多，常常看见他坐在临窗的椅子上，有点苍白的脸上挂着模糊的笑容。

康奈尔太太极健谈、热情，笑起来皱纹都成菊花状。见到年轻人，她都要走过来聊聊，问问近来好不好，学校忙不忙，有没有想家，也会亲切地给年轻人一个拥抱。

有时候，邻居的中国留学生做了中国炒面，会端一盘过去，康奈尔太太看见了，会向姑娘活泼地眨眨眼睛，也不去接，直直地走到屋子旁，敲敲开着的门，对着康奈尔先生大声地说："打扰一下，康奈尔先生，有美女来访。"然后自己忍不住呵呵笑起来。姑娘笑着放下炒面，走过去拉拉康奈尔先生的手。他抬起有些浑浊的眼睛，问："怎么，还没有恋爱？"

"没有啊，康奈尔先生，我忙得一塌糊涂，哪有时间恋爱啊。"

"天气这么好，你又那么年轻，不恋爱干什么呢？"

"就是，就是。"康奈尔太太也帮腔了，"我这么老了，还恋爱呢，你说是不是，老头子？"她拥着康奈尔先生那瘦得见了骨头的肩膀，很自然地亲亲他稀疏的头发。康奈尔先生回过头，四目对视，温馨柔情在静静地流淌。那时，康奈尔先生的身体已经很差了。

9月下旬，街上还有人薄衣飘飘地挽留着夏天仅剩的余热。第一阵凉风里，秋天不可抗拒地来临。那时候，康奈尔先生病逝了。

整整一个星期，草坪上没有了康奈尔太太的影子，几棵杂草也蹿出头来。她家的窗子放下了薄纱帘子。邻居不放心，跑过去敲门，那原本常开的大门紧紧闭着，上面贴着一张康奈尔太太手写的字条：亲爱的邻居，我很好，我很好，请放心，我只是需要一点时间，谢谢。

康奈尔太太再出现的时候，已经是要穿着风衣的时候了。草仍然碧绿，只是康奈尔太太瘦了些，精神还可以。见到送中国炒面的姑娘，她脸上浮上一抹虚弱的微笑，上前将她紧紧地抱住。姑娘心一酸，眼睛就不禁红了。

"Are you ok？"姑娘吸吸鼻子问道。"I am fine."康奈尔太太笑笑说，"你看，"她指着她的花圃，"你看，花开花落，草长草枯，生命就是这样的。"

她叹口气，抬头望着晴朗的天空，眼睛斜斜地望向康奈尔先生常坐的那个窗子，像是对康奈尔先生说："亲爱的，我还活着，就要好好地继续生活。你说是不是，亲爱的？"

　　又是一个早晨，远远地看见康奈尔太太向姑娘招手。"早上好！"姑娘挥手喊道，她笑着回她一个飞吻。姑娘做倾心状接住飞吻，握在胸前。"呵呵，呵呵。"她大声笑起来，惊飞了早起觅食的小鸟。

　　是啊，活着，好好地活着，多好。

　　花开花落，草长草枯，生命就是这样的。要知道生命的自然性是一切都留不住的，当我们拥有时，好好珍惜，当生命消逝，就让它过去。

宽 容

是成长的绿荫

宽容并不是默许

这种宽容并不是默许，而是以一种平和的教育智慧原谅孩子目前的落后，用发展的眼光相信孩子日后的优秀。

如果说在同周围的人与环境相处时我们需要宽容，那么，对待成长中的孩子我们则更需要一份深藏爱心与责任的宽容，这份宽容并不是默许。

有一位聪明的母亲是这样教育孩子的：

孩子两岁了，第一次看见一只蚂蚁，也许别的母亲会鼓励她的孩子去一脚踩死那只蚂蚁来锻炼他的胆量。可是这个孩子的母亲却柔声地对他说："儿子，你看它很乖哦！蚂蚁妈妈一定很疼爱她的蚂蚁宝宝呢！"于是小孩就趴在一旁惊喜地看那只蚂蚁宝宝。蚂蚁遇见障碍物过不去了，小孩就用小手搭桥让它爬过去。母亲一脸欣喜。孩子的心里已播下同情关爱的种了。

后来，孩子上幼儿园了。有一次，他吃完了香蕉随手将香蕉皮一扔。她没有像一些母亲那样视而不见，而是让他捡起来，带着他丢进果皮箱里。然后给他讲了一个故事：有一个小女孩，在妈妈的熏陶下，她总要把垃圾扔进果皮箱里。有一次在马路对面才有果皮箱，她就过马路去丢雪糕纸，妈妈看着她走过去。然而一辆车飞奔过来，小女孩像一只蝴蝶一样飞走了。她的妈妈疯了，每天都在那个地方捡别人丢下的垃圾。当地人被感动了，从此不再乱扔垃圾。他们把那些绿色的果皮箱擦得一尘不染，在每一个果皮箱上都贴上小女孩的名字和美丽的相片。从此，那个城市成了一座永远美丽的城市。故事讲完的时候，孩子的眼眶湿润了。他说：妈妈，我再也不乱扔东西了。母亲宽容了孩子，但也告诉了他不要乱丢东西的道理。

孩子上小学了，可是最近他总是迟到。老师找了母亲，她没有骂他，也没打他。临睡前，她对他说："孩子，告诉妈妈好吗？为什么你那么早出去，还要迟到？"孩子说他发现在河边看日出太美了，所以他每天都去，看着看着就忘了时间。第二天，母亲一早就跟他去河边看日出。她说："真是太美了，儿子，你真棒！"这一天，他没有迟到。傍晚，他放学回家时，他的书桌上放着一只好看的小手表。下面压着一张纸条：因为日出太美了，所以我们更要珍惜时间和学习的机会，你说对吗？爱你的妈妈。母亲宽容了孩子，但也告诉了他不可以迟到的原因。

后来，孩子上初中了。有一天，班主任打来电话，说有重要的事情要她去学校。原来，儿子在课堂上偷看一本画册，里面有几张人体画！她的脑袋嗡了一下。和老师交换了意见后，她替儿子要回了那本画册，仿佛什么也没有发生。第二天早晨，儿子在他的枕头上，发现了那一本画册，上面附着一封信：儿子，生命如花，都是美丽的。所以一朵花枯萎了，很多年后，我们还能忆起；所以一个女人死了，千年后，我们还能怀念她的美丽，比如李清照，还有秋瑾。孩子，从审美的角度出发，记住那些让我们感动的细节。比如一片落叶，一件母亲给你织的毛衣，一个曾经为你弯腰系过鞋带的女孩……有一天，你就会以你充满色彩和生命的心感召世人，就像你小的时候我给你讲的那个飞翔在果皮箱上的小女孩。人们爱她，因为她是天使……

也许这个孩子就是你我他，也许这位母亲就是你我他的母亲。这个极聪明、伟大的母亲懂得在孩子的缺点中发现那一点点优点，并用无微不至的圣洁的母爱和宽容呵护着他生命中的那一点点光！而那一点点不曾被扑灭的光，总有一天会洒成满天的星星、月亮和太阳，照亮这个我们深爱的世界。

家长总是在与孩子共同生活的过程中给予孩子深切的期待，这种期待中必须包含一种发自内心的真正的宽容。它没有对孩子"恨铁不成钢"的焦虑，没有对孩子"揠苗助长"的虚伪，没有对孩子的错误、失误耿耿于怀的刻薄。这种宽容并不是默许，而是以一种平和的教育智慧原谅孩子目前的落后，用发展的眼光相信孩子日后的优秀。正是在这种期待中，孩子不断感受着生活中的智慧、关爱、激励和赏识，在不断地碰撞、跌倒、爬起中，再碰撞，再跌倒，再爬起，直至独立前行。

让心灵软着陆

对待孩子，尤其需要这样的宽容，来保护他们的自尊。

北大附中副校长程翔在批改学生的作文时，一篇题为《一块手帕》的文章深深吸引了他，他便当做范文在班上进行评价。

"这篇文章是抄来的！"程老师刚读完这篇作文，一个学生举起手大声地说。他的话音刚落，全班哗然，大家议论纷纷，目光齐刷刷地扫向那个抄袭的同学，她满脸绯红地低下了头。

面对这突然的变故，程老师停顿了一下，转过话头问大家："同学们，这篇文章写得好不好？"

"好是好，可是……"

"我问的是这篇文章写得好不好，不管其他。"

"太好了！"

"那就请同学们谈谈这篇文章好在哪里，请发言的同学到讲台上来说。"

结果，有八位同学发言，大家高度评价了这篇文章。程老师接着说："同学们，这样好的文章我以前读得不多，可能同学们读得也不多，以后多给同学们推荐一些优秀的文章，在班上宣读，你们以为如何？"

"太好了！"

"那么，对今天第一个给我们推荐优秀文章的同学大家说应该怎么办？"

"谢谢！""非常感谢！"此时，同学们对老师的用意已心领神会。

"从今天开始，每周推荐一篇优秀作文，全班同学轮流推荐。可以拿原文来读，也可以写到自己的作文本上。不过别忘记注明原作者和出处。"同学们会心地笑了，那个抄袭作文的同学也舒心地笑了。

孩子的心灵总是比较脆弱，容易受到伤害，并且受伤的心灵还不易愈合。程翔副校长的做法，不仅保全了一个孩子的"面子"，既不伤害孩子的自尊心，又能让她认识到自己的错误，而且还给全班学生上了一堂生动的宽容课。

上帝派来的天使

是的，一个微笑，一份信任，一点宽容的力量比大声的叫嚷更强大，它们能让那些被放逐的心重新振奋，在人们的和蔼与善意中重新审视自己，审视人心，从自暴自弃的牢笼中挣脱出来，获得新生。

肯特·基恩是英国牛津大学的著名心理教授。他的学术成果曾多次获得国际大奖。2001 年 9 月，他应邀到我国一所少年管教所演讲，讲了下面一段话：

小时候，我是一个爱捣蛋、不爱学习又极爱报复的孩子。无论在家里还是在学校，父母和老师、兄弟和同学都极其厌恶我，然而，在心里我渴望着大家的关爱，就像人们渴望上帝的福泽一样。我一个人独处的时候常常默默祈祷：上帝啊！给我善良、给我宽厚、给我聪明吧，我也想像卡尔列一样成为同学们的榜样。可是，上帝正患耳疾，我的祈祷没有一句应验。我依然是个令人生厌的坏孩子，甚至因为我，没有老师愿意带我们这个班。

三年级的第一个学期，学校里来了一位新老师，她就是年轻的玛利亚小姐。玛利亚小姐刚一站到讲台上，整个班里都沸腾了，她太漂亮啦！我带头吹口哨、飞吻，往空中扔书本，好多男生跟我学，我们的吵闹声几乎要把房顶掀开。

玛利亚小姐没有像其他老师那样大声叫嚷："安静！安静！"她始终

面带微笑地望着我们。奇怪，这样我反而感到很无聊，于是，我打了一个手势，大家立即停止了吵闹。玛利亚小姐开始自我介绍，当她转身想把自己的名字写到黑板上时，才发现讲桌上没有粉笔，我注意到她的眉头皱了一下，很快又舒展了。心想，糟了，她肯定识破了我们的把戏。但是，玛利亚小姐却转过身来问："谁愿意替老师去拿一盒粉笔？"刚刚平静下来的沸腾又开始了，怪声怪气的笑声再次淹没了整个教室，好多男生争着去干这件事。

玛利亚小姐请大家不要争，她会挑个最合适的人选。玛利亚走下讲台，仔细查看了每一个人，最后她说："基恩，你去吧。"我说："为什么是我？""因为我看得出你热情、灵活又具号召力，我相信你会把这事情做得很好。"

我热情？我灵活？我具有号召力？我竟然有这么多优点？玛利亚一眼就看出了我的优点！要知道，在此之前从未有人说过我哪怕一点点的好处，甚至我自己也认为我是个被上帝抛弃的孩子。

我很快取回一盒粉笔，因为它就藏在教室后面的草丛里。当我正要把粉笔递给玛利亚小姐时，我发现我的手指甲缝里存满了污垢，衬衣袖口开了线，裤腿上溅满了泥点，更糟糕的是我五个脚趾全从破了口的鞋子里露出了头。我很不好意思，可玛利亚小姐一点也不在意这些，她接粉笔的时候给了我一个天使般的微笑。玛利亚就是上帝派来的天使。

从此，我决定做一个上进、体面的人，因为我知道天使正在注视着我。

是的，一个微笑，一份信任，一点宽容的力量比大声的叫嚷更强大，它们能让那些被放逐的心重新振奋，在人们的和蔼与善意中重新审视自己，审视人心，从自暴自弃的牢笼中挣脱出来，获得新生。

如何对待家长会的批评

在如同阳光雨露一样无微不至的包容和鼓励中，孩子才能健康地成长。

许多家长开完家长会，总会把老师的意见如实告诉孩子，甚至把老师的话作为批评孩子的有力武器，而从不考虑孩子的自尊心和实际效果。有一位孩子，最后考上了清华大学，可从幼儿园到高中，在家长会上老师对他的言论几乎都是批评和不屑。而深爱着孩子的母亲，每一次都能把这些批评变为鼓励告诉孩子。

第一次参加家长会，幼儿园的老师说："你的儿子有多动症，在板凳上连三分钟都坐不了，你最好带他去医院看一看。"

回家的路上，儿子问她老师都说了些什么？她鼻子一酸，差点儿留下泪来。因为全班30位小朋友，唯有他表现最差；唯有对他，老师表现出不屑。然而，她还是告诉了她的儿子："老师表扬你了，说宝宝原来在板凳上坐不了一分钟，现在能坐三分钟了。其他孩子的妈妈都非常羡慕妈妈，因为全班只有宝宝进步了。"

那天晚上，她儿子破天荒地吃了两碗米饭，并且没让她喂。

儿子上小学了。家长会上，老师说："全班50名同学，这次数学考试，你儿子排第49名。我们怀疑他智力上有些障碍，您最好能带他去医院查一查。"

回去的路上，她流下了泪。然而，当她回到家里，却对坐在桌前的儿子说："老师对你充满信心。他说了，你并不是个笨孩子，只要能细心些，会超过你的同桌，这次你的同桌排在第21名。"

说这话时，她发现，儿子暗淡的眼神一下子充满了光，沮丧的脸也一下子舒展开来。他甚至发现，儿子温顺得让她吃惊，好像长大了许多。第二天上学时，去得比平时都要早。

孩子上了初中，又一次开家长会。她坐在儿子的座位上，等着老师点他的名字，因为每次家长会，她儿子的名字在差生的行列中总是被点到。然而，这次却出乎她的预料，直到结束，都没听到。她有些不习惯。临别，她去问老师，老师告诉她："按你儿子现在的成绩，考重点高中有点儿危险。"

她怀着惊喜的心情走出校门，此时她发现儿子在等她。路上她扶着儿子的肩膀，心里有一种说不出的甜蜜，她告诉儿子："班主任对你非常满意，他说了，只要你努力，很有希望考上重点高中。"

高中毕业了。一个第一批大学录取通知书下达的日子到来了。学校打电话让她儿子到学校去一趟。她有种预感，她儿子被清华录取了，因为在报考时，她对儿子说过，她相信他能考取这所学校。

她儿子从学校回来，把一封印有清华大学招生办公室的特快专递的邮件交到她的手里，突然转身跑到自己房间里大哭起来，边哭边说："妈妈，我一直都知道我不是个聪明的孩子，是您……"

这时，她悲喜交加，再也按捺不住十几年来凝聚在心中的泪水，让它打在手中的信封上。

不可能每个孩子在每个阶段都表现得那么出色优秀，在孩子的成长中，必须给予宽容。宽容会给教者以特殊的人格魅力，这种魅力表现为：把微笑带给孩子，孩子心上便洒满人性的阳光；把自信投射给孩子，孩子便日日滋长着自信；把激励和赏识存入孩子的心田，孩子便时时体验着学习和生活的快乐。在如同阳光雨露一样无微不至的包容和鼓励中，孩子才能健康地成长。

在包容中孩子发现生命的美丽

爱与宽容永远是最神奇的魔术师，在包含宽容与爱的教育中，孩子的成长与感悟是多么令人惊喜。

一位支教老师记下的经历让我们看到，孩子是多么需要宽容与爱，在包含宽容与爱的教育中，孩子的成长与感悟是多么令人惊喜。

举目远眺，没有绿色，天是黄的，地是黄的，路两边的蒿草也是黄的。

尽管来这个地方之前，我有充分的心理准备，可眼前的景象还是让我大吃一惊。最难的是给乡村孩子们上课，书上记录的好多外面世界的精彩内容，他们闻所未闻。一些新鲜的词汇，我往往旁征博引、设喻举例，讲得口干舌燥，他们仍是一脸陌生。

有一天上自然课讲到鱼，我问同学们鲫鱼和鲤鱼的区别，他们一个个都摇头。他们压根儿就没有出过大山见过鱼呀！我和学校领导商量，买几条回来做活体解剖，校领导露出一脸难色。我只好借了辆自行车，星期天骑了30多里路到一个小镇上，自掏腰包买了几条鱼回来。那节课，同学们高兴得像过节一样，我却流下了热泪。

听当地的老师讲，这里的学生有个最大的缺点，就是上课爱迟到。但开学两个月来，我教的班还未发现过这样的现象。为此，我非常得意，我当年读初中的时候，不喜欢哪位老师的课，就常常采取这种极端的行为来"报复"。虽然最终受伤害的是我，可当时就是不明白。现在我也为人师表了，如果我的学生这样对待我，我又作何感想呢？

世界上的事就是怪，不想发生的事偏偏发生了，我把那位迟到的学生带到办公室了解情况。原来他家离学校有 20 多里路，他如果要准时到校的话，早晨 5 点钟就要起床，还要摸黑走上十几里的山路。夏天还可以对付，可眼下是深冬——寒风刺骨。我要求他住校，他说回家和父母说说。第二天，他却没来上课。我非常着急，找了个与他家相隔几个山头的同学去通知他，他还是没来。

我在当地老乡的带领下，来到了他家。忽然间，"家徒四壁"这个成语从我的记忆深处冒了出来。面对他的父母，我哽咽着对他说，老师不要求你住校，只要你每天坚持来上课就行。离开他家的时候，他父母默默地把我送过好几道山梁。

出乎意料的是，家访的第二天，他居然背着被褥来到学校。我心里非常激动。可没隔几天，他又不来上课了。

我再次来到他家里。他父母告诉我，说他小时候常患病，身体弱，有尿床的坏毛病，他怕在学校尿床被同学笑话。

我问他想不想走出大山。

他说，想。

我说，要走出大山就得好好读书。

他抹着眼泪点点头。

我说，相信老师，老师会帮助你的。

这个冬天，每天早晨等上课铃响过后，我和另一位老师轮换着去查他的被褥。如果是湿的，我们就悄悄地拿到自己的寝室里烘干。

做这些工作，我们既是在尽责任，更是凭良知。坦率地说，我心里也有过埋怨：这个学生从来就没有当面向我说过半个"谢"字——想到

学会宽容
learn to be tolerance

这一点我就脸红——我是不是太自私、太虚荣、太渴望回报了呢?

一件事净化了我的灵魂。

我知道山村孩子的渴求,他们需要知识,更需要做人的道理。

课外活动时,我尝试着给他们读一些脍炙人口的诗篇:"风雨沉沉的夜里 / 前面一片荒郊 / 走尽荒郊 / 便是人们的道 / 呀,黑暗的歧路万千 / 叫我怎样走好 / 上帝! 快给我些光明吧 / 让我好向前跑 / 上帝说:光明 / 我没处给你找 / 你要光明,你自己去造!"

一双双纯洁晶亮的眼睛盯着我。我又声情并茂地朗读着穆旦的《理想》:"没有理想的人像是草木……在春天生发,到秋日枯黄 / 没有理想的人像是流水 / 为什么听不见它的歌唱 / 原来它已为现实的泥沙 / 逐渐淤塞,变成污浊的池塘……"

下课后,同学们都围过来,要我把诗集借给他们传抄。我既高兴又担心。

我看了他们摘抄的诗,有的抄了顾城的《一代人》,有的摘录了惠特曼的《我自己之歌》,有的摘了穆旦的《森林之魅》。我心里充满了喜悦。

那位尿床的学生却写了这样一句话:老师,你让我懂得了这样一个道理:生命是美丽的! 霎时,我的眼泪夺眶而出。

是老师用爱心灌溉了偏远地区学生干涸的心田,是老师用爱心激发了学生们对生命美丽的探寻与憧憬,是老师用爱心让孩子的心灵插上翅膀,让梦想尽情开放。爱与宽容永远是最神奇的魔术师,它会变幻出很多似乎不可能的事。

体会孩子的善心

在事情没有了解之前，不要妄下定论，对待孩子尤其如此，不论你有多少理由。否则，我们常常会伤害一颗幼小的心灵。

孩子身上往往自然地存在着许多善心和爱，出乎我们的意料。如果我们因误解而伤了这颗善心，可想而知孩子会有多委屈，这对爱心的培养显然是一种摧残。

有一位单亲妈妈，薪金微薄。独自抚养四个年幼的孩子，她不时感到心力交瘁。日子过得捉襟见肘，但她努力使孩子们夜有所宿、日有所食、衣着整齐、行为礼貌。在他们心中，妈妈并不穷困，只是非常节俭——这正是她追求的目标，因而让她深感欣慰。

圣诞节快到了，家里显然并不宽裕，但她仍决定好好计划一番，以便能去教堂祷告、和亲朋好友开个聚会。那段时间，孩子们沉浸在购买别致的彩灯和餐具的喜悦中，兴致勃勃地忙着装饰房间。不过，他们最关心的是选购圣诞礼物。很早以前，他们便开始讨论这一话题，试探祖父母的心意、互相询问对方理想的礼物，希望送出最真挚的祝福，收到最甜蜜的笑容。这种热情让这位单亲妈妈担心，因为她仅仅攒了 120 美元，却有五个人分享它，怎么能够买更多更好的礼物呢？圣诞节前夕，她分给每个孩子 20 美元，提醒他们记得至少准备四份约 5 美元的礼物。接着，大家分头采购，约定两小时后回家。

回家途中，孩子们兴高采烈，不停嬉笑。你给我一点暗示，我让你摸摸口袋，不断猜测对方的礼物，但她注意到，8岁的小女儿金吉亚异常沉默。而且，她实在难以相信：一番狂购后，小女儿的购物袋又小又平。透过透明的塑料口袋，发现她仅仅买了一些棒棒糖——那种50美分一大把的棒棒糖！母亲情不自禁怒火中烧：她到底用我给的20美元做了什么？这个疑惑让母亲的怒气几乎要当场发作。一到家，母亲立即将金吉亚叫到她房间，关上门，打算好好教训她。

"妈妈，我拿着钱到处逛，本想着送您和哥哥姐姐一些漂亮的东西。不过，我看到一棵'给予树'——援助中心的'给予树'。树上有许多卡片，其中一张是一个4岁的小女孩写的。她一直盼望圣诞老人送她一个穿裙子的洋娃娃和一把发梳作为圣诞礼物。所以，我取下卡片，买了洋娃娃和发梳，把它们和卡片一同送到援助中心的礼品区。"金吉亚时断时续，因为难过而语带哽咽，"我的钱就……只够买这些棒棒糖。可是，妈妈——我们有这么多人，已经能得到许多礼物了；而那个小女孩什么都没有，她——我——"

妈妈一把搂住金吉亚，紧紧地拥抱她，感觉到无比富有。她说："这个圣诞节，金吉亚不但送给我棒棒糖，而且送给我善良、仁爱、同情和体贴，以及一个素未谋面的陌生小女孩完成夙愿的笑脸。"

而最珍贵的，是金吉亚那颗温暖的心。

在事情没有了解之前，不要妄下定论，对待孩子尤其如此，内中的隐情等着我们用体贴的心去发掘，倘若不容人家分辩就斥责，那会多伤害一颗如此美丽、善良的心啊。

不要偷走孩子的梦

是孩子就会有无数的梦想，我们能做的就是用心去理解那些形形色色的梦幻，帮助他们把那些五彩斑斓的梦变成的现实。

比尔·克利亚是美国犹他州的一个中学教师，有一次他给学生布置了一道作业，要求学生就自己的未来理想写一篇作文。

一个名叫蒙迪·罗伯特的孩子兴高采烈地写开了，用了整整6个小时的时间，写了7大张纸的字，详尽地描述了自己的梦，梦想将来有一天拥有一个牧马场，他描述得很详尽，画下了一副占地200英亩的牧马场示意图，有马厩、跑道和种植园，还有房屋建筑和室内平面设计图。

第二天他兴冲冲地将这份作业交给克利亚老师。然而作业返回的时候，老师在第一页的右上角打了一个大大的"F"（差），并让蒙迪·罗伯特去找他。

下课后蒙迪去找老师："我为什么只得F？"

克利亚打量了一下眼前的毛头小伙，认真地说："蒙迪，我承认你这份作业做得很认真，但是你的理想离现实太远，太不切实际了。要知道你父亲只是一个驯马师，连固定的家都没有，经常搬迁，根本没有什么资本，而要拥有一个牧马场，得要很多的钱，你能有那么多钱吗？"克利亚老师最后说，如果蒙迪愿意重新做这份作业，确定一个现实一些的目标，可以重新给他打分。

蒙迪拿回自己的作业，去问父亲。父亲摸摸儿子的头说："孩子，你自己拿主意吧，不过，你得慎重一些，这个决定对你来说很重要！"

蒙迪一直保存着那份作业，那份作业上的"F"依然很大、很刺眼，正是这份作业鼓励着蒙迪，一步一个脚印不断地超越创业的征程，多年以后蒙迪·罗伯特终于如愿以偿地实现了自己的梦想。

当克利亚老师带着他的30名学生踏进这个占地200多英亩的牧马场，登上这座面积达4000平方米的建筑场时，流下了忏悔的泪水："蒙迪，现在我才意识到，当我做老师时，就像一个偷梦的小偷，偷走了很多孩子的梦，但是你的坚韧与勇敢，使你一直没有放弃自己的梦！"

不要轻视任何不切实际的梦想，有梦才有希望，有希望才有拼搏和激情。不要用自己的想法去束缚孩子们的幻想，幻想是脆弱的，一不留神就会破碎。我们能做的只是用心去理解那些形形色色的梦幻，帮助他们把那些五彩斑斓的梦都变成现实。

父亲备忘录

如果你不想看到两代人之间那扇紧闭的叫做"代沟"的门，那么，尽可能体谅、理解你的孩子，用你包容的胸怀，给他一片宽阔的天地。

做父母的总是不自觉地用成人的心态去衡量、指责孩子们的行为。这份父亲备忘录从另一个侧面提醒我们，对孩子切忌着急上火、粗暴，不要以为他们什么都不懂，事实上，孩子们有孩子们的世界，有他们自己的语言、逻辑、行为规则，这一切编织出不容成人轻视的心灵地图。倘若成人因自己的思维方式而侵犯孩子们的心灵，便会留下或大或小的伤疤。如果你不想看到两代人之间那扇紧闭的叫做"代沟"的门，那么，尽可能体谅、理解你的孩子，用你包容的胸怀，给他一片宽阔的天地。

孩子，我有一些话想要对你说。此时你睡得正熟，一只小手掌压在脸颊下，你的额头微湿，蜷曲的金发贴在上面。我偷偷溜进你的房间，因为刚才在书房看报的时候，内心不断地受到斥责，终于带着愧疚的心情来到你的床前。

我想了许多事，孩子，我常常对你发脾气。早上你穿好衣服准备上学，胡乱用毛巾在脸上碰一下，我责备你；你没有把鞋子擦干净，我责备你；看到你把东西乱扔，我更生气地对你吼叫。

早餐的时候也一样，我常骂你打翻东西、吃饭不细嚼慢咽、把两肘放在桌上、奶油涂得太厚等等。等到你离开餐桌去玩，我也准备出门，你转过身，挥着小手喊："再见，爸爸！"我仍皱着眉头回答："肩膀挺正！"

到了傍晚，情况还是一样。我走在路上，偷偷观察你，看见你跪在地上玩玻璃弹珠，脚上的长袜都磨破了。我不顾你的颜面，当着别的孩子的面叫你回家。并对你吼道：长袜子是很贵的，你要穿就得爱惜一点！

记得吗？就是刚才，我在书房里看报，你怯生生地走过来，眼里带着惊慌的神色，站在门口踌躇不前。我从报端上望过去，不耐烦地叫道："你要什么？"

你不说一句话，只是快步跑过来，双手搂住我的脖子亲吻。你小手臂的力量显示出一份情爱，那是上帝种在你心田里的，任何漠视都不能使它凋萎。你吻过我就走了，吧嗒吧嗒地跑上楼。

孩子，就是那时候，报纸从我手中滑落，我突然觉得害怕。我怎么养成了一个坏习惯啊！挑错、呵斥的习惯——这就是我对待一个小男孩的方法！孩子，不是我不爱你，只是我对你期望过高，不自觉地用自己年龄的标准去衡量你了。

其实，你的本性里有许多真善美。你小小的心灵就像刚从山头升起的阳光一样无限，这一点可以从你天真自然，不顾一切跑过来亲吻、道晚安的动作看出来。孩子，今晚其余的一切都不重要了，我在黑暗中跪到你床边，深觉愧疚！

这是一种无力的赎罪。我知道你未必懂得我所说的这一切。但是，从明天起，我会认真地做一个真正的父亲！要和你结为好朋友，你痛苦的时候同你一起痛苦，欢乐的时候同你一起欢笑。我会每天告诉自己："他只不过是个男孩——一个小男孩！"

我们是在养小孩，不是在养花

对孩子，宽容一些吧，无知者无过，要告诉他们错在那里，但切不可以你的粗暴伤害一颗幼小的心灵。

小孩子的破坏性常常使我们头疼，他们或者用球砸坏窗户玻璃，或者不小心碰倒台灯，或者在厨房里摔碎碟子、打翻油瓶，为此我们常常免不了勃然大怒。一个在国外的朋友告诉我的一件小事，令我感触很多。

他的邻居大卫有两个天真活泼的小孩，一个5岁，另一个7岁。一天，大卫正在教他7岁的儿子凯利如何使用割草机割草。当教到怎样将割草机掉头时，他的妻子简突然喊他，询问一些事情。当大卫转过身回答简的问题时，调皮的凯利却把割草机推到了草坪边的花圃上，并充分利用他刚刚学到的技术，开展工作——真是可惜，割草机所过之处，花尸遍地，原本美丽的花圃留下了一条2尺宽的空隙。

面对眼前的事实，大卫怒不可遏，他有些失控了。要知道，这个花圃花费了大卫多少时间、多少精力才侍弄成今天这个令邻居们无比羡慕的样子呀！可是仅仅两分钟的时间，就被小凯利毁坏得不成样子了。"哦，天哪！凯利！你在干什么？"他怒吼起来。就在他要继续呵斥凯利的时候，简快步地走到他身边，用手轻轻拍他的肩膀，说："大卫，别这样，要知道——我们是在养小孩，而不是在养花！"

简的一番话犹如一道耀眼的闪电，使我的朋友眼前一亮，也使我的

学会宽容

learn to be tolerance

心灵深深为之一震：是啊！孩子和花，孩子和玻璃、台灯、碟子、油瓶、弄脏的厨房，孰轻孰重，一目了然，但我们做父母的难免都会犯大卫这样的错误，在气头上却往往会失去理智和宽容。其实我们应该清楚，孩子以及他们的自尊要比他所破坏的任何物质上的东西都要重要得多啊！那些曾经被孩子们用球砸碎的窗户玻璃、不小心碰倒的台灯以及在厨房摔碎的碟子、打翻的油瓶，还有那花圃里被割掉的美丽的花，它们既然已经被毁坏了，再也不能复原了，那么我们愤怒咆哮又有何用呢？这样的行为只会伤害小孩子稚嫩的心灵，使他们原来充满活力的感觉变得迟钝，乃至麻木。记住，我们是在养小孩，不是在养花。对孩子，宽容一些吧，无知者无过，要告诉他们错在那里，但切不可以你的粗暴伤害一颗幼小的心灵。

再试一次

对待年轻人，常常一句宽容的话语或一个宽容的行动，便能使他重新扬起生活的风帆。

有个年轻人去微软公司应聘，而该公司并没有刊登过招聘广告。见总经理疑惑不解，年轻人用不太娴熟的英语解释说自己是碰巧路过这里，就贸然进来了。总经理感觉很新鲜，破例让他一试。面试的结果出人意料，年轻人表现很糟糕。他对总经理的解释说是因为事先没有准备，总经理以为他不过是找个托词下台阶，就随口应道："等你准备好了再来试吧。"

一周后，年轻人再次走进微软公司的大门，这次他依然没有成功。但比起第一次，他的表现要好得多。而总经理给他的回答仍然同上次一样："等你准备好了再来试吧。"就这样，这个青年先后5次踏进微软公司的大门，最终被公司录用，成为公司的重点培养对象。

"等你准备好了再来试吧。"或许这只是一句习惯性的托词，但这里边却包含着理解与宽容。如果径直说"你很差"或"你不行"，也许，年轻人就再也难以迈过人生旅途上的这道坎。这其中有青年人自己的原因，但我们的态度肯定会起到重要的作用。

母亲给出的答案

教育，是对生命个体的尊重和唤醒，是对人的内在潜质的开发和拓展。让孩子健康地生长，需要一种平和的心境，一种智慧的胸襟，一种独特的魅力，这一切必须以宽容为基础！

每个家长都希望子女成才，又有几个家长在面对孩子的"不争气"时能抱着理解与同情的心态？有些家长咆哮斥责、有些威逼利诱、有些甚至挥拳相向，这种非但起不到应有的效果，相反更增加孩子的逆反心理，使他们对自己愈加没信心，对学习越来越憎恨。

有个孩子对一个问题一直想不通：为什么他的同桌想考第一一下子就考了第一，而自己想考第一却考了全班第 21 名？

回家后他问道："妈妈，我是不是比别人笨？我觉得我和他一样听老师的话，一样认真地做作业，可是，为什么我总比他落后？"妈妈听了儿子的话，感觉到儿子开始有自尊心了，而这种自尊心正在被学校的排名伤害着。她望着儿子，没有回答，因为她不知该怎样回答。

又一次考试后，孩子考了第 17 名，而他的同桌还是第一名。回家后，儿子又问了同样的问题。她真想说，人的智力确实有三六九等，考第一的人，脑子就是比一般人的灵。然而这样的回答，难道是孩子真想知道的答案吗？她庆幸自己没说出口。

应该怎样回答儿子的问题呢？有几次，她真想重复那几句被上万个父母重复了上万次的话——你太贪玩了，你在学习上还不够勤奋，和别人比起来还不够努力……以此来搪塞儿子。然而，像他儿子这样脑袋不够聪明，在班上成绩不甚突出的孩子，平时活得还不够辛苦吗？所以她没有那么做，她想为儿子的问题找到一个完美的答案。

儿子小学毕业了，虽然他比过去更加刻苦，但依然没赶上他的同桌，不过与过去相比，他的成绩一直在提高。为了对儿子的进步表示赞赏，她带他去看了一次大海。就是在这次旅行中，这位母亲回答了儿子的问题。

现在这位儿子再也不担心自己的名次了，也再没有人追问他小学时成绩排第几名，因为去年他已经以全校第一名的成绩考入了清华大学。寒假归来时，母校请他给同学及家长们作一个报告。其中他讲了小时候的一段经历："我和母亲坐在沙滩上，她指着前面对我说：'你看那些在海边争食的鸟儿，当海浪打来的时候，小灰雀总能迅速地起飞，它们拍打两三下翅膀就升入了天空；而海鸥总显得非常笨拙，它们从沙滩飞入天空总要很长时间，然而，真正能飞越大海横过大洋的还是它们。'"这个报告使很多母亲流下了眼泪，其中包括他自己的母亲。

这位母亲从不说一些令孩子泄气的话，在找不着适当的答案前宁可沉默，以自己的爱去支撑孩子一步步成长。孩子在这样宽容的环境下，最终也给母亲交出了优秀的答卷。

教育，是对生命个体的尊重和唤醒，是对人的内在潜质的开发和拓展。让孩子健康地生长，需要一种平和的心境，一种智慧的胸襟，一种独特的魅力，这一切必须以宽容为基础！

宽容

是幸福家庭的秘诀

丈夫的 10 条缺点

从结婚的那一天起，就要牢记：学会宽容，是婚姻幸福的秘诀。

夫妻间除了要有爱情有信任，还要有宽容，总是为小事斤斤计较，就不可能白头偕老。很多人在结婚多年后，才明白这个道理。可是，这时的婚姻已因缺乏宽容而伤痕累累。从结婚的那一天起，就要牢记：学会宽容，是婚姻幸福的秘诀。

一位老妈妈在她金婚纪念日那天，向来宾道出了她保持婚姻幸福的秘诀。她说："从我结婚那天起，我就准备列出丈夫的 10 条缺点，为了我们婚姻的幸福，我向自己承诺，每当他犯了这 10 条错误中的任何一条的时候，我都愿意原谅他。"

有人问，那 10 条缺点到底是什么呢？她回答说："老实告诉你们吧，50 年来，我始终没有把这 10 条缺点具体地列出来。每当我丈夫做错了事，让我气得直跳脚的时候，我马上提醒自己：算他运气好吧，他犯的是我可以原谅的那 10 条错误当中的一个。"

在婚姻的漫漫旅程中，矛盾是不可避免的，如果能像那位老妈妈一样，学会宽容和忍让，你就会发现，幸福其实就在你的身边。

需要保守的秘密

如果是真心爱着你的人无意伤害了你，那么，请宽恕他吧，如此，幸福仍完整地存留在你手里，不会受到一点损害。对别人的释怀，也是对自己的善待。

多年前，一对新婚夫妻蜜月旅游，来到一风景名胜之地。妻说："这个地方我来过，而且留下了难以磨灭的记忆。"夫说："我也是。"

于是两个人坐下来，决定每人谈一件有关此地的往事。

夫说他小时候很淘气，喜欢用弹弓打鸟。七八岁时，父母带着他到这里旅游，他见山上的翠林中有一只夺目得像火焰的黄鹂，在枝叶中时隐时现，于是便从衣袋里掏出弹弓。随后，他果真打中了那只鸟。可惜，那只受伤的鸟到底还是艰难地飞到山坡下。

生活中，这不过是件小事。然而妻却很认真地频频追问此事发生在何年、何月、何日、何时。夫只将妻的询问看成她的执著，没有多想。

但妻在细问了那件事后，随即说："但愿你讲的只是个随随便便的故事。如果你有兴趣，我可以为你续说下面的事。"

夫很高兴，连说："好好，希望你发挥得像精彩小说，像传奇故事……"

妻说道："那只美丽的鸟受了伤，急忙地往山下飞一阵，歇一阵。恰巧一个看林人发现了，他为了这只伤鸟，匆匆地追在后面，想把它救回去，把它的伤养好。但在追到山旁的一个石崖时，由于失神，跌进山涧里。幸亏被粗树枝拦了一下，保住了命，但失去了一条腿，还有一只眼睛被树枝戳伤，失明了。"

夫说这个故事太平常，不精彩，随即打了哈欠。此后多年，妻也没再提及此话题。

很多年过去了。一天，妻在远地的舅舅来探亲，住在这对夫妇家里。他是个残疾人，至少有一只眼是瞎的。

夫要陪舅舅到城里转转，妻说："千万不要让我舅舅累着，因为他的一条腿是假的。"丈夫细一看，果然。

他问："舅舅的眼、腿是怎么受伤的？"

舅舅漫不经心地笑着说："小事一桩，不值一提！当年，无非是哪个小孩子淘气，用什么小石子……"

刚说到这里，妻子就拦下了，岔开了话题。因为没有专门提到那只鸟，丈夫自然也就没有多想。

住了几天，舅舅准备回老家，妻子对丈夫说："舅舅由于当年受伤，成了残疾人，生活自然很困难。我每月都给他寄一些生活费，你从来没有计较过。我很感激你。"

丈夫说："什么话！你每月从自己的工资中寄给别人一点钱，我认为一定有你的理由，何必要问？"

舅舅自然也说了几句感谢话，丈夫连忙拦住，并为舅舅准备了很多东西和一些钱。舅舅坚持不收，最后还是推托不掉。

舅舅临走时，外甥女故意问舅舅："舅，假如当初你发现使你受伤的祸首是个男孩，你会怎么做？"

舅舅仍是笑着说："小孩子嘛！淘气无罪！何况又与我的受伤没有必然联系……"

舅舅回家了。

妻从来不提往事，因为她怕那事一经披露，有可能加重丈夫的负罪之情。何况，夫确实无罪。

又过了一段时间，妻子出差，绕道探望了舅舅。她向舅舅披露了当年往事的内情。舅舅只是又一次笑着说："哈哈哈……可信，可信。我看得出，这小子是个聪明孩子，小时候一定格外淘气……"

外甥女说，她打算把这件事的真相告诉丈夫。

"你要细说那件事，我不饶你！"舅舅真的生气了，"无法挽回的事何必反复絮叨？有瘾呀！哼！"

就在这时，邮递员送来一张邮件通知单，上面写的是一只假肢。从假肢的牌子，舅舅知道其价格的昂贵。舅舅叹口气说："这孩子很有心。当初他反复端详我的假肢，原来是为了……"

外甥女走时，舅舅一再叮嘱："记住！让人心烦的事，烂在肚子里，一辈子也不能说！答应我！"

外甥女点了点头。

有些事情一旦说破便会留下永久的阴影，就像文中丈夫若知道了真相，其负罪感很可能一生都抛不掉。幸福的生活很可能会就此大打折扣。舅舅是个豁达的人，他明白不可挽回的事就不必再去折腾。关键是现在的生活，大家都很好，就够了。

生活中很多事情，一旦发生便无可挽回。如果是真心爱着你的人无意伤害了你，那么，请宽恕他吧，如此，幸福仍完整地存留在你手里，不会受到一点损害。记住舅舅的话：让人心烦的事，烂在肚子里，一辈子也不能说！要知道，此时的任何行为都只能是伤害对方，而与境况的改善没有半点关系。宽容是对别人的释怀，也是对自己的善待。宽容是一种仁爱的光芒、无上的福分。

妻子喜欢丈夫晚上打鼾

夫妻生活中即使是最麻烦的事，只要有爱，有包容的心态，那些麻烦也会变得类似于生活的调味剂。

美国一位报纸专栏的女编辑艾比盖尔收到一封署名"打鼾者的妻子"的来信。她觉得信中所谈的问题带有一定的普遍性，于是便以"打鼾者的妻子"为题，将这封信在她的专栏里发表了。艾比盖尔在编者按语中请求读者在读过这封信后，把自己的看法写下寄来。信的全文是这样的：

亲爱的艾比盖尔：

我不是这天半夜一点钟无比烦恼地爬起来，便是哪天凌晨三点钟愤然下床；不是这次以为有一台割草机正在我家院子里割草，就是哪次以为有一艘大汽艇开进了卧室。唉！我忍了整整15个年头了！打从结婚那天起，我就没有睡过一宿好觉。每当我忍无可忍地卷起铺盖卷儿，决意要躲到另外一间房子里去单睡的时候，我丈夫就极为委屈地抱怨道："我说，心肝儿！你可不能让我讨了老婆还抱着枕头睡觉啊！"我不厌其烦地劝他上百次了，要他去看医生，可他却指天发誓说，他绝对没有那么厉害地打过鼾。更令我啼笑皆非的是，他竟然说，睡着后打鼾的不是他，而是我！啊！艾比盖尔，救救我吧！

这封信发表后，编辑部很快便收到了数千封邮件，不少热心肠的读者还寄来了医治打鼾的偏方。但是，大部分的来信都是颇有同感地倾诉是如何如何深受鼾声之苦的，而且写这种信的人大都是妇女，下面便是一些来信的摘要：

亲爱的编辑：

你说要我们大伙儿就丈夫打鼾的问题谈谈自己的看法，这真是太好了，就这个问题我简直可以写一部书，我这么说，绝非夸张。9年来，我一直是在这打鼾声中熬过我的不眠之夜的。如果我丈夫只是单纯地打鼾，那还能令人容忍，可他，简直是在用喉咙眼儿嘶叫，在呻吟，在令人毛骨悚然地怪笑，而且打一声鼾便停下来长嘘一口大气。待天亮起床后，当我对他提及此事，他却惊讶地说他根本不可能是这样的，一定是我在做噩梦！多少年来我只好白天再抽空睡一会儿。

加利福尼亚的一位妇女来信说：如果我的丈夫也像别人一样，只以某种恒定的声调和单一的节奏打鼾的话，我是完全可以忍受的。但是我的"约翰牛"，有时打着打着正常的鼾却突然一下子就没声了！半天也上不来或下不去一口气儿，天晓得他下一口气儿还能不能喘过来！每逢这种时刻，我便不由自主地害怕起来，紧张得把心都提到嗓子眼儿，不知道是赶快去找个大夫还是立刻去把牧师请来，准备为他做最后的祈祷。

另外有些信是这样倾诉妻子的苦恼的：我的丈夫打了14年的呼噜，其呼噜之响，可以说是"惊天动地"！我每天夜里睡觉的时候总是设法躲他远远的，尽量缩到床的一侧去睡。可他，却是个可爱的丈夫！很快就摸到我，挤到我这边来了，然后又紧紧地抱住我，舒舒服服地在我耳边打起了呼噜，那可怕的鼾声简直把我的耳朵都要震聋了！于是我不得不忍耐着，等他睡熟后，悄悄地挣脱他的臂膀，跳下床来，绕到床的另一侧去睡。但是，不一会儿，他又摸过来了。就这样，每天晚上我都要围着床铺转上十来圈！折腾到天亮，我已经是疲惫不堪，晕头转向了。"我丈夫不是一般地打鼾，那是一种从鼻孔里、喉咙眼儿、牙缝间、腮帮子边儿同时发出的混合声响。这还不够，他还不断地'刹车'（打鼾时中途突然停顿），就这样一直闹腾到天亮。最后，我忍无可忍，终于死拉活拽地把他带到一位耳鼻喉科专家那儿去了，希望医生能够治好他的毛病。"这位妇女来信这样抱怨说："然而你无论如何也想象不到那位专家是如何回答我的。他说：'尊敬的夫人，您听我说，如果我知道有任何治疗打鼾的灵丹妙药，首先服用的就是我！我是天字第一号的打鼾者，每逢我和我的妻子外出度假，我们得分睡两个房间，而且还得隔开一段距离……'瞧，这就是大夫开的处方！"

　　读到这里，您一定会慨然长叹："即使'爱情是盲目的'，却也没有哪个妻子会认为自己丈夫所发出的这种声音是美妙绝伦的！"且慢，您错了，您大错特错了，亲爱的读者！在寄给艾比盖尔的成千上万封信中，也有女人这样写道：我丈夫打鼾，而且打得相当有水平，但这有什么！我也打鼾，他能忍受我的打鼾，我就为什么不能忍受他的打鼾？再说，我爱他，因此当我听着他的鼾声睡觉时，我反而睡得更香甜，更踏实，更安稳，因为……至少，我能知道他这一夜是在什么地方度过的！后来，艾比盖尔还收到了一些妻子对丈夫打鼾给予很高赞誉的信，其中有一封这样倾诉说："三年前我曾给你写信抱怨过我的丈夫，万分讨厌他打鼾，但我现在却要说：丈夫的鼾声是人间最美妙的歌声。不信，你可以随便找个寡妇问问看！"

　　虽然叙说的是夫妻生活中一件颇为棘手的事情，然而通篇洋溢着浓浓的幽默气息。幽默不一定非得讽刺，也可以如此温馨，如此可爱。仔细体察那些叙说者的心态，可发觉均是放松型的，娓娓道来，似把重点放在讲述如何之有趣上，而不是"我"如何之痛苦。即使是前部分所谓的抱怨，读者留下印象的恐怕不是一个沉重的话题，而是一种轻松愉悦的心理状态，打鼾反倒成为生活调剂品了，后部分对鼾声的赞誉就不用说了。

捧腹之余，我们可想到：夫妻生活中即使是最麻烦的事，只要有爱，有包容的心态，那些麻烦也会变成类似于生活的调味剂。

宽容是善待婚姻的最好方式

宽容是善待婚姻的最好方式。爱是一门艺术，宽容是爱的精髓。

安徒生有这样一则童话，叫《老头子总是不会错》，看后印象深刻，颇有感悟。

故事并不复杂：乡村中有一对清贫的老夫妇，有一天他们想把家中唯一值点钱的一匹马拉到市场上去换点更有用的东西。老头子牵着马去赶集了，他先与人换得一头母牛，又用母牛去换了一头羊，再用羊换来一只肥鹅，又由鹅换了母鸡，最后用母鸡换了别人的一大袋烂苹果。在每一次交换中，他倒真还是想给老伴一个惊喜。当他扛着大袋子来到一家小酒店歇脚时，遇上两个英国人，闲聊中他谈了自己赶集的经过，两个英国人听得哈哈大笑，说他回去准得挨老婆子一顿揍。老头子坚称绝对不会，英国人就用一袋金币打赌，如果他回家竟未受到老伴任何责罚，金币就算输给他了，三人于是一起回到老头子家中。

老太婆见老头子回来了，非常高兴，又是给他拧毛巾擦脸又是端水解渴，听老头子讲赶集的经过。他毫不隐瞒，全过程一一道来。每听老头子讲到用一种东西换了另一种东西，她竟十分激动地予以肯定。"哦，我们有牛奶了""羊奶也同样好喝""哦，鹅毛多漂亮！""哦，我们有鸡蛋吃了！"诸如此类。最后听到老头子背回一袋已开始腐烂的苹果时，她同样不愠不恼，大声说："我们今晚就可吃到苹果馅饼了！"不由搂起老头子，深情地吻他的额头……

其结果不用说，英国人就此输掉了一袋金币。

这则童话告诉我们夫妻之间的宽容、尊重、信任和真诚是多么重要。即使对方做错了什么，只要心是真诚的，就应该重过程、重动机而轻结果，这样才能有家庭的和睦、夫妻的恩爱。宽容是善待婚姻的最好方式，充分理解对方的行事做法，不苛求不责怨，如此，必然给对方以爱的源泉，婚姻一定如童话般妙趣横生、和美幸福。

爱是一门艺术，宽容是爱的精髓。

圣诞节相信爱与宽容

当家庭陷入困境，像一条在风雨中漂泊的船。家庭中的每个成员能站起来，互相体谅，互相鼓励、和衷共济，相亲相爱，以宽容的心态看待眼前的困难，这条风雨中的船就一定会驶向港湾，迎来丽日晴天。

圣诞节后的第一天，温暖的阳光照耀着大地，皑皑的白雪在悄悄地融化，空气中弥散着淡淡的水汽、音乐，还有一些幽幽的芳香，似乎身边有一些鲜花正在绽放。艾米莉正驾驶着汽车送孩子们返回学校。

"哦，这个圣诞节过得真是太好了！恐怕再也没有哪个家庭会拥有这么美好的圣诞节了。当然，这一切都是劳拉带来的。"艾米莉一边驾驶着汽车，一边幸福地回味着圣诞节时的美好时光；同时，她扭头看了一眼劳拉——她的女儿，一个身材苗条、乌发如云、亭亭玉立的 14 岁的少女。此刻，她正静静地坐在自己的身边，美丽而优雅。作为母亲，她感激孩子们所带给她的一切，并为他们的成长而感到骄傲与自豪。想到这儿，激动与幸福洋溢在她脸上，一股暖流迅速涌遍全身。

"今天真暖和，真有点儿像春天了。是不是，劳拉？"她一边收回投向劳拉的目光，一边问道，"不过，这种天气可说不准，明天也许就又会风雪交加了。"

"是的，妈妈。这鬼天气，就像是克劳狄斯王的笑脸，虽然表面上笑容可掬，实际上他骨子里阴险狡诈得很呢！"劳拉面露羞涩，模样可爱极了。

"正是这样。"艾米莉赞同地点点头，但是对于克劳狄斯王是谁她却没有想起来。直到后来她在劳拉的书中看到一本《哈姆莱特》的时候，她才想起来。那一刻，她更加感到当初她和亨利竭尽全力地让劳拉去接受教育是一个多么明智的决定啊！瞧，劳拉已经会引用文学典故来形容天气了，她觉得心中无限自豪！

由于时间尚早，她的车一直都开得很慢。这时，她的思绪又回到了一个月前那个暗淡的日子。那天，她正在餐馆里吃午饭，正好遇到了亨利。亨利神情沮丧，面色忧郁地坐在她的对面，沉默良久，才告诉她他失业了。一家更大的公司兼并了他主管的那个销售处，销售处的全体员工一下子没有了工作，就连相当于一个月工资的帮助他们渡过难关的遣散费也没能得到。虽然亨利对再找一份工作并谋得一个好职位胸有成竹，但是由于他对老公司的忠心，使他竟然对一家盛情邀请他加盟的公司向他发出的友好信视而不见。而就在那时，他又收到了住在俄亥俄州的身为中学教师的哥哥的来信，从字里行间看出，他们全家陷入了困境。信中说，严重的胃溃疡正折磨着他，他简直难以忍受；他的一个孩子必须要做一个大的手术；而他的妻子又快要生下双胞胎，他目前已经"山穷水尽"了，急需 500 美元。

"我想他确实急需帮助，"听完亨利的叙述，艾米莉说，"我们有必要给他们寄 500 美元过去。"

"这我也想过，如果给他们寄去 500 美元，我想我们吃饭是不会有什么问题的。"亨利面露难色，犹豫不决，沉思了片刻，才阴郁地说，"但是那样的话，我们圣诞节的安排就要被打乱了。我可不愿意挤占我的保险金。"

"哦，不！亨利！"艾米莉惊叫起来，她简直不相信自己的耳朵，更没想到亨利竟会这样说。她睁大双眼，吃惊地望着亨利，"我们会安排好圣诞节的一切的。我们可以尽可能地压缩开支，把主要精力放在孩子们身上。你知道的，他们是多么——哦，不，其实他们只不过是希望能过一个丰富多彩、快快乐乐的圣诞节！"

"对小孩子来说也许是这样的，但是……"亨利抬眼看了看艾米莉，"但是，劳拉想要什么礼物呢？"

"她跟我提起过她想要一套芭蕾舞裙，大概需要 125 美元。她的同学邀请她去参加一些舞会。"

"那……你不打算用信用卡赊购吗？"亨利问道。

"不，"艾米莉斩钉截铁地回答道，"我目前赊欠的金额已经达到最大限度了，我可不想去冒被拒绝的风险。其实，今天我本打算去偿还欠款的。"她静静地坐在那里，看着亨利忧郁的脸，沉默了片刻，"亲爱的，现在我们唯一能做的事就是回到我们的首要原则上来。"

"你……什么意思？"亨利疑惑地看着艾米莉。

"哦，亲爱的，你也知道，现在的圣诞节已经失去了它原先的意义，而是成了商人们谋利的一种手段。人们互相赠送的一些礼物，实际上就是一些广告的展示。其实，我认为，在这个神圣的日子里，我们应该给人们送去我们的爱心——当然是要根据我们自身的能力给人们送去一些值得纪念的东西。如果你没有这个能力，那么就送给她一个项链坠或是一本书也未尝不可。"

听着艾米莉的谈论，亨利逐渐恢复了希望，但仍旧满腹狐疑。

"亨利，你听我说，圣诞节我是这样安排的，"艾米莉凝视着亨利，继续说道，"我们可以带着孩子们到我们的农场去，在那里，我们不需要为款待客人而发愁，你知道的，圣诞节期间光是酒水一项的开销就够惊人的。还有，我们可以吃我们自己养的火鸡，从我们自己的树林里砍一棵树做圣诞树，我们一家人还可以一起在田野里散步，唱赞歌。我想在那样的环境里，我们一定会忘掉整个世界的，我们一定会过得非常愉快！"艾米莉情绪有些激动，目光中充满了神往。

"你以前过过那样的圣诞节吗？"亨利依旧没有信心。

"哦，当然没有，但是……"艾米莉叫道。

"那，好吧，现在你是我们家的指挥官，一切都照你说的做。但是，劳拉那里你去跟她好好地解释一下吧。"

"哦，可怜的爸爸。"当艾米莉把家里目前的情况向劳拉说明以后，美丽的劳拉难过地哭了，"那他今后该怎么办？"

艾米莉心头一酸，紧紧拥抱住劳拉："孩子，你放心，一切都会好起来的。"

良久，劳拉抹了抹眼泪，微笑着对艾米莉说："妈妈，我还从来没有到农场去过过圣诞节呢，我敢肯定会很美妙的！那情景一定就像是圣诞贺卡上的图片一样美极了！我喜欢那儿，我才不在乎什么圣诞礼物和那些聚会呢！"她一边说着一边提起脚尖，好像准备翩翩起舞呢！

圣诞节的前几天，艾米莉一家来到了他们的小农场。那是很多年前亨利买下来并且一直保留至今的一块土地，虽然只有6英亩，但毕竟是属于自己的，每每想起它或看到它，亨利就有一种非常好的感觉。

在农场里，艾米莉一家确实度过了一段非常美好的时光。他们先到自己栽种的树林里砍了一棵树；吃过晚饭后，他们有的睡觉，享受着田野的宁静与安详，有的点着油灯，就着昏黄的灯光读书……孩子们对他们的礼物都非常满意：送给男孩子的礼物有各种球、安装工具、故事书籍，还有许多从出售廉价小商品的杂货店里买来的小东西。送给劳拉的礼物则是艾米莉从一家出售二手艺术品的店里买来的一幅画和一枚原本属于亨利母亲的小胸针。劳拉微笑着接过她的礼物，说："谢谢爸爸、妈妈，我很喜欢这些礼物。"然后高高兴兴地把画挂在床头，把胸针别在胸前。

正是由于劳拉的喜形于色，才给艾米莉全家增添了节日的气氛。你瞧她不是用斧头劈木柴，就是和弟弟们一起玩耍嬉戏，或者是帮着艾米莉做饭，给火鸡撒上作料，再就是和他的父亲一起谈论一些最近发生的政治新闻……总之，她看起来显得非常快乐。

晚上，艾米莉给劳拉倒了一杯淡淡的麦芽酒，这是她第一次喝酒。没过多久，她就坐在地板上，将玫瑰红的脸蛋倚着亨利的膝盖，甜甜地睡着了……

"哦，上帝！我相信她一定是世界上最好的女孩子！"亨利轻轻抚摩着劳拉的秀发，温柔地说。

"我想也是。"艾米莉爱怜地看着劳拉。

"如果我能够的话，总有一天，我要把地球盛在银盘里交给她。"亨利郑重地说，"否则，就让我下地狱去吧！"

"劳拉，我们到了。"艾米莉逐渐减慢车速，把汽车稳稳停在了学校门口，"我每天都会想你的。"

"我也会想您的，妈妈。"劳拉一边打开门，一边说，"这个假期过得真是太美好了，我非常喜欢那幅画和那枚胸针。"

劳拉吻了一下艾米莉，转过身，沿着校园的小路，快步向前走去。

艾米莉站在那里，一直看着劳拉的背影消失在校园深处，才钻进汽车，漫无目的地转了几圈。接着，她来到集市，买了一些日用品和一大束鲜花，然后才开车回家。

在回家的路上，那束美丽的鲜花散发出阵阵幽香，弥漫了整个车厢。那朵朵盛开的鲜花使她想起了那件芭蕾舞裙，想起了世界上一切纯真的、值得自豪的、朦胧的美，而所有这些，都应该属于劳拉……

夫妻之间没有计分卡

"在婚姻生活中，是不需要计分卡的"，记住这位母亲的话吧，夫妻二人都会有各自喜欢与不喜欢做的事，尊重各自的喜好，做力所能及的事，这份包容，正是爱的自然流露。

我们一家人聚在一起说说笑笑，屋里是温暖的炉火和闪烁的圣诞节彩灯。妈妈突然说："你们有谁想……"她的话还没说完，房间立刻空荡荡的，只剩下我和男友托德了。男友一脸迷惑地问我刚才发生了什么事。我说："他们都去为妈妈的汽车加油了。"

托德惊叫起来："现在？外面天寒地冻的，已经是夜里11:30了啊！"

看着他惊讶的表情，我笑着说："是的，就现在。"

来到妈妈的汽车旁，我们三下五除二地刮掉汽车挡风玻璃上的霜冻，迫不及待地钻进汽车里。在前往加油站的路上，托德好奇地问我："这么晚了，我们还要去给妈妈的汽车加油，究竟是为什么呢？"

"每次我们回家过节的时候，我们都要替爸爸为妈妈加油。"

看着他狐疑的样子，我笑着说："我妈妈有20年自己没加油了。这20年来，一直都是爸爸帮她加油。"我耐心地向他解释道："记得在我大学二年级那年回家度假的时候，我自认为已经长大，已经无所不知了，尤其是关于女权和女性独立自主方面。有天晚上，我和妈妈正在包礼物，我对妈妈说，将来我结婚以后，一定要让我的丈夫帮着做家务。接着，我问妈妈是否对整日洗熨衣物、刷锅洗碗感到厌倦，她却平静地对我说她从来都没有感到麻烦。这简直令人难以置信。于是，我开始向她大谈特谈两性平等。

"妈妈耐心地听我高谈阔论。然后，她注视着我的眼睛说：'亲爱的，将来你会明白的。在我们的婚姻生活中，总有些事情是你喜欢做的，有些是你不喜欢做的。因此，夫妻二人一定要在一起互相交流，互相协商，看看有哪些事情是你愿意为对方做的，有哪些事情是需要二人共同做的。此外，夫妻二人要共同分担责任。我真的从来都没有在意过每天做洗熨衣物等家务事。当然，做这些琐事确实花了我不少时间，但是，这是为你爸爸做的。反过来说，我不喜欢去给汽车加油，那种特别难闻的味道着实让我难受，而且我也不喜欢站在寒冷的车外等着加油。所以，总是你爸爸去为我的汽车加油。还有，你爸爸负责日常到杂货店买东西，我负责做饭；你爸爸负责割草，而我负责清理。在婚姻生活中，是不需要计分卡的。夫妻二人各自为对方做了一些力所能及的事可以让彼此的生活更加舒适，更加从容。只要你想到这是在帮你的爱人做的，你就不会在意这些事有多么的琐碎或是麻烦，因为你这么做完全是因为爱啊！'

"这么多年来，我一直都在思考妈妈说过的那些话，我喜欢妈妈和爸爸的这种互相关怀、互相照顾的生活方式。你知道吗？托德，将来我结婚以后，我也不想在夫妻之间有计分卡。"

在回家的路上，托德显得异乎寻常的安静。当我们回到家的时候，托德熄灭了发动机，转过身，抓住我的双手，深情地看着我，他的脸上洋溢着温柔的笑容，眼睛里闪烁着激动的光彩。"只要你愿意，"他温柔地说，"我愿意一辈子为你加油！"

"在婚姻生活中，是不需要计分卡的"，记住这位母亲的话吧，夫妻二人都会有各自喜欢与不喜欢做的事，尊重各自的喜好，做力所能及的事，这份包容，正是爱的自然流露。

及时给一份宽容

无论如何，及时地向亲人、朋友表达爱吧，及时地给自己所爱的人一份宽容，千万不要等到无法挽回时去承受永远的刻骨铭心的疼痛。

在家庭生活中，不仅夫妻之间需要宽容，母女、父子之间也必须有宽容的意识，否则，来自亲人的伤害常常会比其他伤害更可怕。

一位母亲，因为女儿爱上一个她不喜欢的男人，母女僵持不下，大吵一架后，女儿干脆离家。母亲又气又伤心。女儿自小丧父，是她母兼父职把女儿辛苦养大。好不容易女儿出落得亭亭玉立，水仙花儿似的，谁知大学尚未毕业，就急着想嫁，偏又是位大她十多岁的离婚男人。母亲好言相劝，恶言恫吓，女儿坚决不听劝告。

所有的爱变成了恨。她恨女儿绝情，为爱盲目。许多往事一一涌上心头。女儿小时乖巧可爱，老爱腻在她身边唧唧呱呱像小鸡啄米似的讲悄悄话。童言童语，煞是有趣。"妈妈，你绝对不能先老，一定要等我长大了一起老。"

上中学的女儿也依然贴心懂事，母女俩像朋友一般分享彼此的心事。偶尔问起女儿择偶的条件，女儿总撒娇地说："我才不嫁，我要陪妈妈一辈子，陪到你老得走不动，我就帮你推轮椅！"言犹在耳，女儿怎么会全忘了呢？为了一个不相干的男人，不顾20年的母女情分，实在叫她难以承受。

那天，女儿打电话回来说："妈妈，我要结婚了，希望你来参加婚礼，给我一点祝福。"她余怒未消，愤怒地挂了电话。这一挂就是生死永隔，女儿女婿在蜜月途中车祸丧生。

殡仪馆内，她抱着女儿的遗体放声大哭："我好自私啊！我连最后的祝福都不肯给你。"

我们总以为时间会等我们，容许我们从头再来，弥补缺憾。岂不知灾难永远在我们猝不及防时当头砸下。在命运之神前，我们是如此怯懦无力。我们唯一能做的，只不过是在还来得及的时候，小心呵护手中的珍宝，一刻也不能放松。无论如何，及时地向亲人、朋友表达爱吧，及时地给自己所爱的人一份宽容，千万不要等到无法挽回时去承受永远的刻骨铭心的疼痛。

迟到的宽容

不要长久地仇恨任何人与事，这种心态——焚烧如同炼狱的苦痛，受到伤害的是你自己。

世界由矛盾组成，任何人或事情都不会尽善尽美。在婚姻生活中无论是"金玉良缘"，还是"模范夫妻"，都是相对而言。但许多人在面对具体事情时，却失去了这份理智和从容，特别是一些恩爱夫妻，也会走入爱的误区，难以承受对方的过失，而使幸福家庭毁于一旦。下面就是这样一个让人无限感慨的故事：

男人和女人在校园相爱，她下嫁他，这是现代版的七仙女下凡。

女人的父亲是那所大学所在地的政府显要人物，母亲是一家研究所卓有成果的研究员。而他呢，是一位农民的儿子。中国农民的儿子拥有什么，谁都知道。

但是她却死心塌地地跟了他，她放弃亲情和前途到了他的家乡，分在一个乡村中学里教书。他们很满足，最重要的是她安心于现在的生活状况，两相厮守，不慕浮华。

由于他的工作出色，又是县里唯一的名牌大学生，很快便在教坛上脱颖而出，短短10年内，从教导主任、副校长、教育局副局长、局长直到县长，一帆风顺。

当县长那年，他才39岁。对于丈夫的升迁，她感到宽慰，觉得自己当年没有嫁错人；而他也感谢妻子在他最需要爱情的时候给了他最需要的感情。

但身在官场的他却常常身不由己，每天都有对付不完的应酬，好在她对此毫无怨言。

一次酒醉后，一位崇拜他的靓丽而年轻的女人主动和他发生了关系。事发后，他诚惶诚恐，觉得对不起自己的妻子。但当这一切都神不知鬼不觉的时候，男人的血性便又被那个靓丽的姑娘点燃。在妻子出差的那段日子里，他默许了那个近乎疯狂地爱他的姑娘上门同床共枕。

终于，他们偷情的场面赤裸裸地暴露在提前回家的妻子面前。妻子没有大吵大闹，而是微笑着放那个姑娘走，并且关照她不必太紧张，说着还帮那个吓得脸色铁青的姑娘理好凌乱的衣裙。

偷情的姑娘走了，她却沉默了，从此不再单独和他说一句话。只有当他的下属来时，或是女儿在家时，她才会和他说话，而且显出十分恩爱的样子。别人一走，她就又变成了"哑巴"。

其实他挺后悔的。他知道自己之所以能有今天，妻子的爱是一个最重要的条件。他是爱她的，他为自己的行为感到羞耻，他跪在她的面前，向她忏悔，请求她饶恕。他这样的努力坚持了12年。12年中，他为此熬白了头发，生理机能也发生了改变。但是无论如何，妻子就是不说话。

12年后的一天，妻子第一次主动开口和他说话，她说："我患了乳腺癌，医生说现在部分细胞已经扩散，我的时日不长了。"他听完，泪如雨下，他抱住她一遍遍地问："为什么不告诉我，咱们可以找最好的医院去治呀！"

他把妻子送到了医院，但一切都已太晚了。妻子弥留之际，对他说："现在，我承认我错了，这些年，我不应该这样对你。我死以后，你就再找一个合适的女人，一起过吧。"男人号啕大哭。

女人死后 3 个月，男人也去世了。他患的是胃癌，一年前的一次体检中发现的，但他也没有告诉她。他临死前对女儿说了一句让女儿莫名其妙的话：“你妈妈原谅我了，我死而无憾。”

后来，他们的一位医学专家朋友对他们的女儿说：“你爸爸和你妈妈的病，都是因心情长期抑郁造成的。假如你妈妈早一点儿表现出她的宽容，事情也许完全是另一种结果……”

丈夫对妻子的伤害的确是深重的，丈夫应该受到惩罚。从妻子 12 年的沉默中，我们能感觉到她滴血的胸膛。她要让丈夫也承受同样的疼痛，看似冷静，却背负着沉重的怨恨。她惩罚了丈夫，以失去自己的幸福和生命为代价。当生命快要终结时，她醒悟了。但来不及了，生命已不再等待。不要长久地仇恨任何人与事，这种心态——焚烧如同炼狱的苦痛，受到伤害的是你自己。这样的事情只能让它过去，学会忘却，生活才有阳光，才有欢乐。宽容是一种仁爱的光芒、无上的福分，是对别人的释怀，也是对自己的善待。故事里的妻子如果能宽容豁达一点，早一天原谅仍深爱着自己的丈夫，生活会仍然充满雨露阳光。

"因为那是我太太做的"

结婚了，两个不同性格、习惯的人从此要朝夕相处，要使日子幸福美满，两人都要有那么一点"牺牲精神"，互相包容，互相体谅。

每次吃红烧狮子头，都让我想起 30 年前的一段往事。

那时我念高中，有一天到老师家帮忙整理书，老师留我吃饭，主菜就是红烧狮子头。

"来！尝尝你师母的拿手好菜。"老师说着，就给我夹了个大大的狮子头。

我很兴奋，夹一块放进嘴里。愣住了，那狮子头咸得简直可以"打死卖盐的"。碍于礼貌，又不好不吃，结果足足盛了两碗饭，才勉强把那"盐块"吞下去。

吃完饭，看师母到厨房收拾，老师倒了一杯白开水给我，小声说："对不起啊！你一定不习惯，你师母做的东西，总是太咸，不好吃！"

我接过水，心想："既然不好吃，你为什么还一面吃，一面不断赞美，'好吃！''好吃！'呢？"

老师似乎看出我的疑惑："你奇怪我为什么赞美，对不对？"没等我回答，他又一笑："因为那是我太太做的。"

宽容才能发现美好

　　当二人世界的冲突在婚姻的石子路上通通显露时，只有宽容谅解方能发现一片新的生活天地。

　　恋爱时期奉行浪漫主义，戴上爱情这副隐形眼镜，情人间任何缺点都能容忍，甚至美化。这就是所谓的"情人眼里出西施"。

　　恋爱时，两人在灌木丛下促膝密谈，一只蚊子不识相，在旁边嗡嗡叫，咬了她一口，又咬了他一口，两人手臂都肿了个包，却不以为意，念及英国玄想派诗人邓约翰的《跳蚤》诗，浪漫地想起两人的血液在蚊子体内结合。蚊子这样的小东西，非但不惹人厌，而且类似于光屁股拿小箭的可爱的丘比特。

　　婚后，他习惯早起写作。一日清晨，她满眼惺忪，气冲冲对他抱怨："一只蚊子吵得我睡不好。"他紧蹙双眉，伏案疾书，被她突如其来的声音打断，不禁怒火中烧："我一个大男人，还要管你和一只蚊子的事？怕吵，怎么不挂蚊帐？"望着他的不耐烦，她心底一阵酸涩委屈……结婚以后实行现实主义，所有神秘面纱全部摘除，恋人眼中的熊熊烈火也在油盐酱醋中逐渐熄灭，原来，他竟是这样……暴躁、任性、不耐烦、发脾气等等，在婚姻石子路上通通显露。此时，只有宽容谅解方能发现一片新的生活天地。

　　如今老夫老妻生活下来，他每晚必将蚊帐挂好，先行入睡暖被，她经常戏称他是"现代孝子"。一日，她一躺下，听见有细微的嗡嗡声，不禁惊呼："有蚊子！"他睡意正浓，却弓腰仰起："有什么？"

"一只蚊子在蚊帐内。算了，不是很吵……"

"不行，你不是怕吵吗？"

他一跃而起，戴上眼镜，在蚊帐内追捕那只蚊子。

熬过纸婚，到银婚、金婚，一切都成习惯，似乎两个人生来就是互相扶持着的，爱情变成亲情，对一个人好成为本能。在这个过程中，必须有宽容做底。

妈妈的形象

我们对生活的认识就像对妈妈的认识一样，早一天明白早一天开悟，早一天豁达。

关于妈妈的形象，每个人在不同的年龄会有不同的描述。

4 岁时："我妈妈什么都会做！"

8 岁时："我妈妈知道好多好多东西，真的好多好多！"

12 岁时："我妈妈其实不是什么都知道！"

14 岁时："我妈妈一般不懂这个！"

16 岁时："我妈？她懂什么呀！"

18 岁时："那个老太婆？她是和恐龙同一个年代出生的。"

25 岁时："我妈妈可能懂这个吧！"

35 岁时："在作决定之前，我想先听听妈妈的意见。"

45 岁时："我妈妈肯定能指点我。"

55 岁时："要是妈妈遇到我这事，她会怎么做呢？"

65 岁时："这件事我要是能和妈妈商量一下就好了！"

请对老人宽容一些

父辈以他们的宽容承载着晚辈的伤害，对此我们难道可以无动于衷吗？

他本在一家外企供职，然而，一次意外，使他的左眼突然失明。为此，他失去了工作，到别处求职却因"形象问题"连连碰壁。"挣钱养家"的担子落在了他那"白领"妻子的肩上，天长日久，妻子开始鄙夷他的"无能"，像功臣一样对他颐指气使，居高临下。

她日渐感到他的老父亲是个负担，流鼻涕淌眼泪让人看着恶心。为此，她不止一次跟他商量把老人送到老年公寓去，他总是不同意。有一天，他们为这件事在卧室吵了起来，妻子嚷道："那你就跟你爹过，咱们离婚！"他一把捂住妻子的嘴说："你小声点儿，当心让爸听见！"

第二天早饭时，父亲说："有件事我想跟你们商量一下，你们每天上班，孩子又上学，我一个人在家太冷清了，所以，我想到老年公寓去住，那里都是老人……"

他一惊，父亲昨晚果真听到他们争吵的内容了！"可是，爸——"他刚要说些挽留的话，妻子瞪着眼在餐桌下踩了他一脚。他只好又把话咽了回去。

第二天，父亲就住进了老年公寓。

星期天，他带着孩子去看父亲，进门便看见父亲正和他的室友聊天。

学会宽容
learn to be tolerance

父亲一见孙子，就心肝肉地又抱又亲，还抬头问儿子工作怎么样，身体好不好……他好像被人打了一记耳光，脸上发起烧来。"你别过意不去。我在这里挺好，有吃有住还有的玩……"父亲看上去很满足，可他的眼睛却渐渐涌起一层雾来。为了让他过得安宁，父亲情愿压制自己的需要——那种被儿女关爱的需要。

几天来，他因父亲的事寝食难安。挨到星期天，又去看父亲，刚好碰到市卫生局的同志在向老人宣传无偿捐献遗体器官的意义，问他们有谁愿意捐。很多老人都在摇头，说他们这辈子最苦，要是死都不能保个全尸，太对不起自己了。这时，父亲站了起来，他问了两个问题：一是捐给自己的儿子行不行？二是趁活着捐可不可以——"我不怕疼！我也老了，捐出一个角膜生活还能自理，可我儿子还年轻呀，他为这只失明的眼睛，失去了多少求职的机会！要是能将我儿子的眼睛治好，我就是死在手术台上，心里都是甜的……"

所有人都结束了谈笑风生，把震惊的目光投向老泪纵横的父亲。屋子静静的，只听见父亲的嘴唇在抖，他已说不出话来。

一股看不见的潮水瞬间将他裹围。他满脸泪水，迈着庄重的步伐，一步步走到父亲身边，和父亲紧紧地抱在一起。

当天，他就不顾父亲的反对，为他办好有关手续，接他回家，至于妻子，他已做好最坏的打算。临走时，父亲一脸欣慰地与室友告别。室友一把眼泪一把鼻涕地埋怨自己的儿子不孝，赞叹他父亲的福气。父亲说："别这样讲！俗话说，庄稼是别人的好，儿女是自己的亲，打断骨头连着筋。自己的儿女，再怎么都是好的。你对小辈宽宏些，孩子们终究会想过来的……"说话间，父亲还用手给他将将衬衣上的皱褶，疼爱的目光像一张网，笼罩着他。

他再次哽咽，感受如灯的父爱，在他有限的视力里放射出无限神圣的光芒。

父母对子女的爱，就像流水，一直在流；而子女对父母的爱，就像风吹树叶，风吹一下，就动一下，风不吹，就不动。父辈以他们的宽容承载着晚辈的伤害，对此我们难道可以无动于衷吗？

父母对我们的那些无私的爱一直默默地环绕着我们的成长，然而我们却理所当然地受用，或者对这些爱麻木，甚至辜负。从现在开始，我们好好体会体会那些海一般深沉的爱，想想他们的付出和我们的回报，想想以后我们该用怎样的行为来珍惜这些默默的爱。

要体谅父母

父母老了，他们是世上我们最应该以爱心去体谅、宽容的亲人。

随着年龄的增长，有一天，我们都忍不住开始抱怨，爸爸怎么变得缩手缩脚，妈妈怎么变得这么迟钝，其实，如果站在父母的角度想想，这时的他们，是多么需要我们的体谅。有一位陪同父母远游的女儿的顿悟，在朋友中引起了共鸣。

一直以为父母也应该跟我们一样能适应这个变化的世界，新的科技、新的信息，新的理财观……直到最近几年才知道他们追得蛮辛苦的，遥控器太多太复杂、听不懂的专业术语、完全陌生的理财工具……直到最近几年才知道，怕我们不耐烦，父母经常忍住了想说的话，想做的事……

如果没有这次远游，迟钝的我也不会知道，一向热心打点、无微不至地照顾我们的父母，退休十几年的老爸，竟衰老得如此之快。我们五姊妹只凑足了三个，决定陪爸妈去新加坡玩。在去时的飞机上，老爸四小时都不愿如厕，任凭我们好说歹说，他依然老僧入定，不肯起身。在每一站观光区，他也是非到万不得已才进男厕。有一次我观察到他小解很久才出来，看不到熟悉亲人的身影，先是向东搜寻，继而向西眺望，即使在这时，他也不愿放声大喊大叫，让我们子女没有颜面。站在陌生人群中，他一副茫然失魂的样子，却安静、耐心地等子女们出现，我终于了解他出门在外不愿如厕的原因。以前不解事的小儿子常笑话他八十几岁的外婆连纽扣都不会扣，真慢！真笨！好简单的一件事，为什么老人家们就是做不好？我们还未经历到，当然难以理解，年纪大了，有时候手脚会不由自主、不听使唤，我以为老爸和奶奶之间还有一大段差距，谁知他也不知不觉走到这个阶段了。

之后的行程我根本无心玩赏，只要看到老爸的表情稍有异样，便好说歹说强行押解他到男厕，自己则只好守在男厕外头，起初老爸感到万分不自在，后来也就渐渐习惯了。回程飞机上，我陪老爸去洗手间，他忽然低声对我说："其实我不会锁飞机上厕所的门。"我拍拍他肩膀，告诉他："没关系。"心里却翻涌出一阵心酸。心里很想告诉同行的妹妹，下次出游，把各自的老公也带来，也可以多尽一份孝心；也很想告诉没有同来的幺妹，钱财日后都赚得回来，唯有父母健在安康，又能带着他们远游，这才是为人子女最大的福分；想告诉老爸，如厕问题解决了，我们下次可以飞到更远的地方去旅行。

一趟旅行带给了我许多感触，也让再度离开家、身在火车上的我不禁流下眼泪……或许是自己太多愁善感，也或许担心自己父母的状况，只是自己一直没发现，才惊觉原来老爸老妈也变老了，变脆弱了，不再是以前那"强壮的臂膀"、"温暖的避风港"，原来一直帮我扛着头上那片天的巨人，也会变老……